LOCUS

LOCUS

LOCUS

LOCUS

Smile, please

smile 111

人文品牌心法——讓顧客用荷包為你喝采

作者：張庭庭
責任編輯：韓秀玫
封面美術：徐慧慧
法律顧問：全理法律事務所董安丹律師
出版者：大塊文化出版股份有限公司
台北市105南京東路四段25號11樓
www.locuspublishing.com
讀者服務專線：0800-006689
TEL：(02) 87123898　FAX：(02) 87123897
郵撥帳號：18955675　戶名：大塊文化出版股份有限公司

總經銷：大和書報圖書股份有限公司
地址：新北市新莊區五工五路2號
TEL：(02) 89902588 (代表號)　FAX：(02) 22901658
製版：瑞豐實業股份有限公司
初版一刷：2013年4月

定價：新台幣 300元
Printed in Taiwan
ISBN 978-986-213-433-7

人文品牌心法

讓顧客用荷包為你喝采

張庭庭——著

作者序

十年磨一劍

算一算，創業至今超過十六年。

之前從不曾想過當老闆。自詡滿腔文藝，卻於產業工作多年後瀟灑去職，赴美學商。剛拿到MBA學位時，接到了麥肯錫顧問公司紐約總部的面試通知，那可是全世界一流MBA心嚮往之的跨國管理顧問公司。想到有機會可以當湯姆．彼得斯、大前研一等大師的學妹，當時興奮可想而知。享受免費的來回機票、高級旅館住宿，彷如灰姑娘趕赴宮廷盛宴。直到微笑踏進巍峨的總部大樓，接觸到一張張嚴肅緊繃的臉孔，一頁頁滿是圖表的試題，昂揚情緒無端下沈，華麗馬車變回南瓜，我的跨國企管顧問夢也霎時驚醒。

回國幾年後因緣倉皇創業，膽大辦了一本談SOHO創業的雜誌，咬牙撐了四年終究停刊。二〇〇〇年，與當年初上任的青輔會主委林芳玫偶然相晤，專爲女性創業規劃的「飛雁專案」

於焉振翅，自此開始講課輔導的生涯。

之後約八、九年於「飛雁專案」與其他政府專案擔任創業顧問，曾與上萬個創業者切磋大計，還因緣與近兩百位創業新手一路陪伴同行，發表過無數創業相關演講與文章。過程中屢屢有人慫恿「出書吧！」但一直未曾付諸行動。也許骨子裡，我不想被標示爲創業專家。

創業者有兩種，一種人做生意，另一種人做事業。生意人要有投資眼光，懂得找商機，以賺錢成交爲目的，成敗看眼光、手腕與運氣；而事業家著眼於創造商機，以提供長遠價值爲目的，成敗靠大智慧與堅持。生意人視事業爲累積財富的工具，因此不必有感情；事業家則將事業視爲第二生命，汲汲賦予它靈魂，財富是水到渠成的獎賞，不管是擺路邊攤、跑創意市集、開店、架網站還是經營工廠起家。

關於做生意，我駑鈍愚拙，愧爲人師。但卻樂於與一群稍帶傻氣甚至偏執的事業家爲伍。幾年前我悟出，自己樂在其中的，其實就是協助那些認眞的熱血經營者打造品牌，而且是以華人特有的文化質地，去捏塑一個個牽動人心又能賺錢獲利的商業臉譜。所以擔任創業顧問後期，其實做的就是新創事業品牌輔導。看著一個個陪伴的品牌在媒體發光，被消費者青睞，暗地裡也爲他們喝采。

這四年來不談創業，只談品牌，我所相信的品牌。

二〇〇九年起攬下「品牌台北」專案，感謝主辦單位長官們的熱血相挺，得有機會實踐對於城市人文企業品牌的觀照。而這兩年開始接觸到一些規模較大的客戶，深刻體會到產業界不乏靈魂豐滿，然苦於形骸骨感的遺珠。常與這些經營者惺惺相惜，他們或學有專精，或天賦異稟，對自己的產品充滿熱情。我與團隊試著領會其心、勾出其魂、捕捉其神，再從古聖先賢的智慧汲取相映生輝的養份，等於與企業共同創作，生出足以匹配品牌靈魂的飽滿身型，然後開始被看見、被讚嘆。

而且不止台灣，二〇一二年起在對岸遇到愈來愈多知音，親眼目睹中國的企業正飢渴地往人文靠近，還有想進軍中台市場的外商，來請益如何讓品牌貼近華人思維。我在不知不覺間，成了另一種跨國企業顧問。

細數顧問生涯，扣掉前期懵懂，正式跨足品牌輔導，算算至今剛好十年，約莫參涉了三百家品牌的新生與蛻變。從新創的一人微型企業到轉型重生的中小企業，一路曲折走來，一次次與缺乏資源的企業主並肩作戰、共歷悲歡。從策略、定位、命名、文字、設計、展佈、網路、媒體、活動、募資、內訓…品牌經營諸多環節無役不與、點滴累積，因此精鍊出許多以小搏大的江湖智慧。

本書即是十年磨成之一把鈍劍，不銳利，但舞之有風。書中提到的案例幾乎都是我曾親身參與其中，或許發生的早晚、企業的大小、涉入的深淺、陪伴的長短都各不相同，但與這些經營者曾經交會的靈犀電光，難以磨滅。他們每位都是我的導師，我在諄諄叮囑他們的同時，他們也以各種歷練與姿態，教化鍛造了我的見識與心量，讓我恍如練成吸星大法。

這些實戰的品牌心法與案例，多年來陸續發表於工商時報，與經濟日報的「文創 MBA」專欄，也曾獲得許多共鳴與迴響。在聲聲催促下，終於動手將這些文章重新耙梳整理，添血增肉付梓成書。希望以華人文化的觀點，在全球經濟瞬變的年代，提供中小企業、文創業者藉以蛻變品牌，化蝶繽飛的線索靈犀。

感謝一路相伴的人生知音與事業夥伴 Ron，他的睿智洞察與敦厚樸心不僅撫慰了許多客戶，也多次啓發了我的飛揚思緒。感謝設計總監 Max，他的才華熱血與龜毛講究，屢屢圓滿譜出我心目中品牌的最佳圖像。感謝甦活團隊所有同仁，把爲客戶打造品牌當作自身志業。感謝歷年與甦活結緣的企業夥伴，感謝古今哲人賜予豐厚的文化糧倉。

感謝經濟日報鄭秋霜小姐催生專欄並督促文稿。能有此書，還要感謝萬以寧與戚偉恒兩位兄長前輩的慧眼促成，以及大塊出版郝先生與秀玫總編的提拔玉成。

最後遙告天上的母親與父親，雖然遲遲，雖然當不成文藝作家，女兒終於出書。

張庭庭　於二〇一三年二月

目次

第三部　無所不在——品牌推廣

第四部　無奇不有——改造案例

《前奏》

什麼是人文品牌？

一、回歸初心，舍我其誰

愈來愈多企業開始談品牌這件事。但什麼是品牌？問十個人可能得到十二個答案，因爲有些人會給你兩個版本以上的標準答案。有人覺得這是個昂貴的企業遊戲，有人腦袋立刻浮出LV、BMW、Coke、APPLE、麥當勞、星巴克，有人說不就是公司名字嘛，而有更多人直覺地把企業品牌與企業CI甚至是Logo劃上等號。可喜的是，很多企業已經意識到，談品牌，不是取個響亮的名字加上美美的企業形象CI設計與包裝就可以。但面對一群喜新厭舊而且被各式商品轟炸過度的消費者，如何建構一個能被看見、被接受、被認同、被辨識、被讚嘆甚至被流傳的品牌？這可是一件不容易的工程。

一般談到品牌，總是拿國際知名品牌爲標竿範例。國際品牌的策略與戰術雖有借鏡之處，但相對資源與市場環境大不同，對爲數眾多的台灣中小企業來說，往往只能稱羨，難以效顰。尤其對沒有高額廣告預算，沒有明星代言人的企業，更需要符合現實條件的品牌經營心法。

傳統MBA教科書告訴我們，品牌行銷的基礎是建立在競爭思維上，以商品爲主軸，各企業在不同的市場區隔中，競逐較量。但這個時代，各式琳瑯滿目的商品與服務如過江之鯽，早已超過人們日常用度所需，品質也都各有擅場，除了少數功能性商品，消費者會偏向理性分析比較，絕大部分商品的採購決策，其實感性因素才是臨門一腳的眞正關鍵。

「人」才是品牌的主軸

這幾年從事品牌輔導，經驗一再告訴我，建構品牌的關鍵，不在能否超越競爭對手，而在能否洞悉人心，創造獨特的分享價值。現在的消費者除了貨比三家，購買前也愛搜尋資訊參考別人意見，購買後還會上網分享自己的觀察或使用經驗，而消費者分享的內容除了商品本身，更有依附於商品背後的情境與故事，因此「人」才是品牌的主軸。

不管是新創品牌、既有品牌想脫胎換骨、或是 OEM〈代工〉要轉型成 OBM〈自創品牌〉。將人文情感融合消費洞察，是這個年代的品牌新絲路。

華人自幼所受之文化薰陶，蘊含天地人的觀照與生命自省，其實正是品牌的寶貴資產。人文品牌就是回歸創立事業時的誠摯初心，穿透事物表象、照見本質，將經營者的生命體悟、價值好惡或行事風格，忠實反映於產品或服務的內涵，並設法將其提煉後形之於外。品牌形象就是經營者的外顯樣貌或是心靈映照，而這個事業正是其自我的延伸，一種舍我其誰的情懷。

若說這是文創品牌，難免落入定義曖昧，妾身難明的論辯，說是人文品牌也許更加切合。企業主不一定需要有藝術底子或深厚文化背景才能打造人文品牌。文化不只是歷史文物、殿堂藝術、特色民俗或經史子集、詩詞歌賦，有很大部分來自於草根智慧，來自於代代相傳的諄諄教誨，來自於見多識廣後的自我省覺⋯，它其實就在你我周圍。

文化與創意本身是抽象的，透過企業經營者的生活觸角或哲思體悟，便有各種呈現。也許是對自己夢想的熱情、也許是研發商品的靈感、也許是兒時記憶的投射、也許是對山川土地的虔敬、也許是對鄉親族人的牽掛、也許是對藝術文化的感動、也許是一段人生經歷的啓發、也許是對某種價值觀的執著⋯，種種人文情懷透過商品設計、包裝、網頁、文宣與故事⋯等媒介傳達出來，穿透人心，讓人或惺惺相惜，或同病相憐，或所見略同，或對號入座。

而凡此種種，其實正是企業打造品牌的必要元素。如果文化是品牌的靈魂，創意是品牌的養分，那麼文化創意便是所有產業點亮品牌的那個光環，那頂桂冠。

文化是生活經驗的積累、沈澱與與淬煉；創意是生命視野的跨界、突破與想像。

文以載商，好禮而富

例如食養山房，建築設計背景的主人，有一種見多識廣後的淡定與質樸。擺脫一般餐廳業者追求規模經濟與黃金地段的思維，只是單純將主人的生活哲學融入空間布置、菜餚料理、器皿擺盤、字畫擺設、出菜方式，並與顧客眞誠互動分享。用中國山水畫與詩詞的意境擺盤上菜，結合禪味的空間布置與水墨般的戶外山水景觀，讓心靈與口腹同時飽足，使得單純的飲食提升到一種空明文化境界，會讓人興起朝聖的想望。餐廳的氛圍既充滿騷人墨客之智慧底蘊，也流蕩著庶民常人之自然情懷，即使食客鑑賞力有高下之別，卻一致對環境的美感，由衷生出虔敬之心而且受到感動，即使遠在深山，車馬依然絡繹不絕。不遠千里只為曲徑通幽，此時，距離根本不是問題。這樣的人文餐廳開在車水馬龍之地，反而味道盡失。

不一定所有的企業都要變成人文品牌，許多賺錢的品牌各有高明生存之道。但充實人文與美學涵養，不止細緻了企業運作肌理，假以時日更能壯大市場格局，尤其對骨子裡帶有理想性格的經營者，做事業如果只有日利，怕要惆悵失落了。

曾經去拜訪一位陳姓布商老闆，他位於迪化街附近的辦公室彷如畫廊，牆上處處可見名家畫作，與迪化街布商予人傳統保守的印象大相逕庭。

公司的主力產品是印花布，工廠位於土城，產品行銷全世界。二十幾年前台灣的印花布工廠有二百多家，現在只剩七、八家，真正賺錢的也是寥寥可數。而這家公司的年收不但以億計算，且年年維持高成長，連金融危機也不構成威脅。貧苦出身、行事低調的陳老闆不否認獲利豐厚的事實，因此近年他多默默從事公益。

當我問他，長期研究與收藏繪畫藝術，是否對他經營事業有關鍵性加分效果？他的眼睛立刻亮了起來。原來他們家印花布所用的圖案多來自國外知名畫家或設計師作品，每一張版權動輒上萬元。但這些圖案並非直接就能使用，還得經過細密思量後加以修改。

他拿起現場幾塊布料侃侃示範解說：包含顏色的搭配比例、色層的深淺變化、花紋圖案的大小與位置、線條交錯的走向等等，因為畫作是平面的，布做成衣服後卻是立體的，而西方人與東方人身材不同，布料圖案上一個看似小小的差異，變成衣服後的氣質感與飄逸感卻能天差地別。

關於圖案初稿的挑選到修改細節的判斷，除了多年被客戶鍛鍊出來的實務經驗之外，深厚的時尚敏銳度以及色彩美學素養更是功不可沒。花布的雅俗之間，價格便反映出價值。當衣服從蔽體保暖功能提升到賞心悅目層次，布產業也必須從昨日傳產變身為今日文創。這樣的趨勢不是只在布產業發酵，就如蘋果電腦不認爲自己是電腦公司，自詡核心競爭力是設計，而不是技術。

少了美學設計這個環節，許多傳統甚至科技企業也只能停留在昨天。

問陳老闆爲什麼不用國內畫家或設計師作品？他憂心指出，台灣沒有眞正的布料設計師，只有修改的人才。他認爲這是因爲台灣的美學教育基礎不夠深厚，「台灣廟宇文化太強勢，侷限了孩子對色彩與文化的學習認知。」

但我其實沒這麼悲觀，台灣並不缺乏美學創意人才，只是一直難以與商業完美接軌。若說產業經濟是良田萬頃，美學創意便是源泉活水，要有懂得美學的經營人才開渠引道，才能有效注入活水，灌溉良田。否則任由創意到處奔竄或自己挖個小池塘，很快就會枯竭。

人文美學素養非一朝一夕可成，也不見得立竿見影反映在企業營收獲利上。但點滴扎根，必有進境。奸商不可取，儒商不可求，何必等到有錢了才開始關注文采藝術、風雅禮數？

文以載商，好禮而富，在物質與精神層面，都有機會利益眾生又圓滿自己！

二、左腦思維 vs. 右腦思維

要打造出人文品牌，左右腦搭配自如是成功關鍵。尤其要在悲天憫人間攻城掠地，少不得右腦大顯身手。右腦如野馬，左腦如馬轡，既不要固守疆界，也不能衝落懸崖，其間拿捏充滿智慧。

企業家的類型有很多，例如業務型〈擅長銷售〉、點子型〈擅長企畫〉、領導型〈擅長整合〉，而最容易在經營上觸礁的，通常是創作型與技術型。前者是藝術家性格，太縱容右腦，以致常流於天馬行空而忽略功能現實；後者是發明家或工程師，太依賴左腦，往往拘泥於產品細節而缺乏市場想像。

在一次講課時，有位學員A君上台練習自我行銷。他的產品是自動升降曬衣竿。衣服洗好後掛在及胸高度的桿子上，按個鈕便自動上升，衣服即可迎風招展，省時又省力。桿子是特殊金屬所製，此設計擁有專利還得過獎。他介紹完後，我幫他做現場市調：「有興趣購買的人請舉手?」教室裡約八九十人中，大約一半舉了手。我接著問了A君產品售價是多少?「一萬四千元」，隨即再問現場學員：「願意買的人請舉手?」這次一隻手都沒有。A君現出悵惘神情，承認每次一講到價格，顧客即掉頭離去。

當時我的母親剛過世不久，我腦袋閃過一個畫面：七十幾歲的母親堅持自己洗衣且篤信天然日曬，拒絕使用乾衣機，洗完衣服都得吃力地用撐桿把衣服頂到高高的曬衣架上。對於關節退化的老人家來說，每次洗晾衣服都是一次舉臂維艱的工程，但他們大概都不會向無此體會的晚輩訴苦。我想，如果母親還健在，我會買這個產品給她。於是我把這個想法說出來，並且三問大家：「願意買給母親或婆婆的人請舉手？」半數的手再度高高舉起。

用一萬四千元換來自己省一點力氣似乎不怎麼划算；用一萬四千元買到母親長期的快樂與舒適，那就值回票價。前者是左腦的算計，後者是右腦的召喚。

數字、圖表、分析、邏輯、法則、功能、效率、講道理……等是左腦的管區，傾向於「解決問題」；而文字、畫面、感應、直覺、想像、情境、情感、說故事…則是右腦的地盤，傾向於「創造機會」。絕大部分的人只有其中一邊比較發達，而在我們向來偏重左腦鍛練的教育體制下，除了有藝術細胞或走創作型態的人之外，通常的情況是左腦明顯壓過右腦。

以企業經營領域來說，更是左腦天下。MBA的教材裡充斥矩陣、模式、定律、圖表、流程、個案分析……，這些當然很重要，專業經理人或企業經營者若能習得精髓加以活用，事業就能虎虎生風。

但隨著美感經濟、體驗經濟時代到來，光強調「國家認證、品質保證、追求卓越、速度領先……」等左腦訴求，似乎再也得不到市場如雷掌聲。這幾年顧問生涯中，常遇到此類中小企業經營者，努力投入研發或找尋獨特貨源，產品功能幾近完美，尺寸規格一應俱全，也不吝於購買廣告，但就是無法拉抬業績。他們常見共同問題是：包裝粗糙、網頁死板、圖片單調、文案生硬、沒有品牌或是品牌名稱拗口，廣告預算亂槍打鳥……，簡而言之就是無法感動消費者。上門顧客通常是熟客或行家，他們我稱之爲左腦企業家。

相反地，有另一群經營者，通常從事時尚或藝術領域，才華洋溢，令人驚豔，但對數字毫無概念，不知成本爲何物，網頁很美麗但動線規劃毫無章法，購物流程曲折離奇。陌生顧客容易被吸引上門，但成交卻往往大費周章。他們我稱之爲右腦企業家。

但即使是左腦企業家，可能數字靈光但邏輯不夠強；右腦企業家也許設計感一把罩，但欠缺文字才情。十八般武藝樣樣通的人實在少之又少，偏偏資金不夠雄厚的中小型、微型企業又無力廣招英才，於是都得認份，強迫自己進行腦袋改造工程

說服力與感染力的總和

我曾經遇到過一對父女創業搭檔，發明家配上藝術家，剛好是左右腦的兩極。女兒是充滿藝術氣息的漫畫家 Momo，作品有年輕人的俏皮，也有抗拒長大的童真，以及隱藏在逗趣圖案背後的深層哲思。Momo 更因將柏楊代表作——《醜陋的中國人》改編成漫畫版，一夕之間打響了名號。

而 Mo 爸對軟性磁鐵教具的熱衷無人可比，從材質改良到功能應用研發，不管是拼圖、模擬釣具、幾何教材……，只要客戶說得出來，他就做得出來。而對於品質的講究，也讓他輕鬆贏得歐美知名教具業者的 OEM 訂單。只是一頭栽入研發生產，卻疏於關照市場的風吹

草動，前兩年其他國家的競爭對手用低價來搶單，甚至模仿他的設計，讓 Mo 爸磁鐵教具的業績失血不少。此時女兒 Momo 繪畫與編故事的天分成了最佳救贖，功能實用的軟性磁鐵配上生動活潑，極具個人色彩的彩繪漫畫，成了擺脫 OEM 魔咒，自創文創品牌的契機，品牌名曰「磁貼童話」。

但問題也來了。父女倆都沒有品牌行銷的概念，對於定價與成本結構更是霧煞煞。剛開始接觸他們時發現，一個只注意美感與故事，一個只重視功能與品質，合作出來的產品像是合成照片，美感與功能看似存在於同一個框框，卻各自獨立，缺乏一體成型的流暢。更嚴重的是，產品在設計之前，沒有先思考這要賣給誰，賣到哪裡去以及要賣多少錢。

兩人思考邏輯的契合度跟血緣關係恰成反比，合作初期便形成雞同鴨講的狀況，好在親情是最好的黏著劑，加上顧問與同學從旁勾串，反而激出許多有趣且具市場性的點子。

一連串左腦與右腦對話論戰中，雙方有時面紅耳赤，有時低頭沈思，但終於慢慢起了化學變化，後續出來的產品也愈加令人驚豔，功能強大之外多了不少美感與溫度，打樣一出來，就有人要下訂，這也讓磁貼童話順勢開發出客製化商品的市場。

這場父與女、左腦與右腦的對話發人深省，而親情的溫暖與善良的天性，讓「磁貼童話」的產品除了創意，更多了感動。

我認爲，左腦的訓練能夠提升「說服力」，右腦的修行則是關乎「感染力」。「說服力」可以消除不安，「感染力」卻能喚起慾望。而個人的影響力，企業的競爭力，其實來自「說服力」

與「感染力」的總和。因此MBA不該是左腦人的天下，右腦人則要學習向MBA靠近，講道理講得面面俱到，說故事說得娓娓動聽。

三、物質消費 vs. 心靈消費

辦公室幾個年輕同仁前陣子風靡一項產品，那是採用最新環保材質所做成的「僞可樂罐」。白色、綠色、桃紅色……，外表看起來與一般可樂罐無異，眞正的功能是隨身保溫杯，原料來自天然玉米，據說在適宜的土壤條件中，將會在一百八十天完成分解，回歸自然。這項產品爲台灣設計師設計，台灣廠商技術研發，還奪得國際著名的 iF 設計大獎！

之所以受到年輕人喜愛，除了綠色環保，應該就是貼近生活的設計巧思。把年輕人再熟悉不過的可樂易開罐，以超寫實手法復刻，的確夠酷。但仔細端詳了商品介紹與英文官網，發覺還是有些許隱憂。

品牌與商品直接就以材質 PLA〈Poly-Lactic Acid，聚乳酸〉命名，介紹多集中在此材料取自天然，可直接分解之環保特性。問題是 PLA 並非該廠商專屬名詞，而隨身杯除了可樂罐，應該還有其他造型之延伸可能〈不愛喝可樂的同仁，對這商品便興致缺缺。〉另外杯子、餐盒、餐具等，也都值得深入開發。如果都只在飲料罐形狀與材質上打轉，創意很快就會打結。

有時候，品牌價值其實可以超越形體具象的囿限，從抽象的意涵下手，想像空間更爲遼闊。例如其英文名字爲 "PLA Tin Can"，Can 既是「罐頭」，也是「能夠」。前者爲具象，後者則是抽象，如果把這款商品取名爲 "Yeswe Can"，既表達製造商與使用者對愛護地球的承諾，也幽歐巴瑪一默。而商品造型設計若用化妝水瓶〈用喝的歐蕾〉、墨水瓶〈滿肚子墨水〉，也讓消費者對於美麗與知識有了自娛娛人的媒介，而除了引人的造型，品牌也超脫具象的物質層面，多了些許心靈慰藉。

從需要到想要

「東─籬─採─菊～結廬人境，清風來喧，袖裡悠然藏南山。行止坐臥淡如水墨，心遠……」主持人以富有磁性的低沈嗓音，朗朗誦出，台上的模特兒身穿一襲綴有水墨花卉的白色寬袍家居服，名曰「東籬採菊」，配著悠揚古樂鼓音走步，輕盈大器。這是夏布服裝秀其中一段，共二十八套改良式漢服，忽古忽今，結尾時配上輕快的西洋歌曲，收懾人心。

二〇一三年元月中旬，重慶一家叫做「創匯・首座」的商場舉辦了一場名爲「溯觀」的漢服文化活動。節目包括靜態與視頻動畫、書畫展示、古琴演奏、古詩舞誦、大型棋局以及壓軸的夏布漢服走秀。因爲從事夏布的客戶「感懶樹」應邀擔任活動主秀，便得緣參與了這場活動部分策劃。

商場非常用心，從事前造勢、會場布置、工作人員造型到邀請帖設計，每個細節充滿典雅巧思，而且刻意去除商業氣息，讓來者卸下心防，輕鬆融入。參與活動唯一的商業單位只有「感懶樹」，但一件件美麗的產品襯著詩句般的文案旁白，隨著模特兒遊走於山水畫境般的會場中，讓人不動容也難。會後只見參觀者爭相詢問產品何處買，樓上的品牌專區湧入人潮，大家拎著一袋袋悠然清風與苧麻編織的美麗傳說，滿意而歸。

若從實用觀點來看，苧麻做成的夏布產品透氣涼爽又防蟲，但價位不算低，很難打造成生活必需品。然而夏布有著千年歷史底蘊，從文化切入，打中都會人驟富後的壓迫感與空虛感，立獲共鳴。在車馬喧鬧與人群爭擠中，一件薄衫迎來袖裡南山；一個方枕抱得半日浮生；一方絹帕捎來蝶翅鼓風……，價値感從物質層面提升到心靈層面，願意付出多少代價，也就因人而異。

據說現在大陸有很多學歷不高的富老闆，不再競逐豪宅名車，反而動輒花一兩萬人民幣去聽一堂國學課。我們從小習以爲常的四書五經，對文革世代而言，可是孺慕至深、名副其實的「黃金屋」啊！商品裡加入經書或詩詞意境，更讓他們肅然起敬。

二〇一二年我常有機會到大陸演講分享，當我一一述說：一杯茶、一塊餅、一張椅、一件衣、一方櫃甚至房屋抓漏，如何尚友古人、接引詩境；觸動情感，演繹心靈，我看到許多人眼中射出閃電，在感動中恍然：「原來可以這樣！」文化不只是品味勳章，不只是鑑賞蒐藏，還能融入日常，食衣住行中信手飛花摘葉，俯拾都是文化篇章！

從追逐物質享受轉爲重視心靈饗宴，台灣其實已經經歷過。但從商業角度來看，能有效把物質消費轉化昇華成心靈消費的企業體，其實不算多。

物質消費，是因爲需要；心靈消費，是因爲想要。現代人生活所需一一滿足後，所缺的已經難以純粹用物質來填補。

心靈的黑洞，深不見底，這樣的空缺足以讓各種文化創意恣意揮灑。至於是流於矯情做作，還是眞情流露，端看經營者或行銷人能否本著赤誠初心，穿透商品物質表象，含融天地、借喻古今，直指人心峰迴處。

四、虛撰品牌 vs. 寫實品牌——讓顧客用荷包為你喝采！

在一個展售會上，有個販賣手工飾品的攤位叫做 S,Lyn 織璘舫，主人的作品結合織品與飾品，散發獨特風格，旁邊一則媒體報導，道出攤位主人因為堅持創作而走過的崎嶇。一位閒逛到此攤位的小姐，被這則報導吸引，立刻掏腰包購買一對耳環，有感於主人的創作熱忱，兩人相談甚歡，主人主動要打折給她，她堅持不接受，她說：「我希望妳可以繼續走下去，因此願意掏荷包來為妳喝采。」

類似的場景我已司空見慣，付出眞心經營的品牌總不乏一群粉絲如影迷般死忠支持。而做品牌還眞的像拍電影，不管是大卡司大製作，還是小品發行，首先是要有好的題材編成劇本。

電影情節有憑空想像、純屬虛構；有根據眞人眞事、寫實改編，兩者都可能感人肺腑，叫好叫座；也都可能不知所云，譁眾取寵。

品牌形象也有虛撰與寫實。

某牌咖啡氣質粗獷如西部牛仔，某牌泡麵是媽媽味道的化身，某牌口香糖最能化解上班族壓力，某銀行扶弱仗義是小市民代言人，某牌香水是催化愛情的仲夏夜魔咒…。這些產品形象的塑造，多半來自才華洋溢的廣告人，原本平淡無奇的產品，經過所謂市場調查與天馬行空的創意包裝，突出的個性就跳出來了，透過明星代言與各種媒體大量滲透洗腦，左右了人們的消費想像。至於眞正生產創造這些產品的人是誰？他們的舉手投足跟產品形象是否吻合？不是那麼重要。

這是虛擬品牌。

寫實品牌，顧名思義就如前章所述，將品牌創辦人的生命體悟、價值好惡或行事風格，忠實反映於產品或服務的內涵，並設法將其提煉後形之於外。透過故事的精彩、文案的動心，視聽嗅觸味等感官的驚豔，一點一滴傳遞遠颺，先找到一群惺惺相惜的鐵桿粉絲，再逐漸擴大顧客圈，如漣漪般層層開展。而網路社群媒體興起，更提供了推波助瀾的強大動力。

虛擬品牌多半是財團或大型企業旗下的品牌，擁有雄厚行銷資源，對於市場有著呼風喚雨的實力或企圖心，他們爭逐領導品牌或第一品牌，本質上是競爭導向的思維，策略建構由外而內。

寫實品牌則多半是白手起家，品牌形象就是經營者的外顯樣貌或是心靈映照，而這個事業正是其自我的延伸，一種舍我其誰的情懷，本質上是成就導向的思維，策略建構由內而外。寫實品牌雖然多半規模不大，但有不少最終也成了世界級品牌，擁有跨國界龐大忠貞粉絲群，如蘋果電腦、香奈兒甚至女神卡卡。

這兩者孰優孰劣難以定論。在行銷領域中，目前虛擬路線還是主流，因爲掌握話語權的行銷策略專家大部分是爲擁有預算的大企業服務。若要走虛擬品牌路線，必須握有優秀卡司（內外部人才），並掌握足夠的發行院線（通路）與曝光管道（媒體），缺乏行銷預算的文創或中小型企業想走虛撰品牌之路，肯定窒礙難行。

寫實路線的品牌建構講究忠於自我，最忌虛矯浮誇，但並非直接裸裎以對。它需要細膩的人文萃取與市場轉譯，並非找個寫手編撰一篇感人的品牌故事那麼簡單。每個人的經歷曲折各有千秋，有時候，得在浩浩江波中，菁取一瓢；有時候，要在看似乏善可陳的大片風景中，剪影驚鴻一角。這些來自生命底層的浮光掠影，經過重整定調，可能就是品牌最牽動人心的註腳。

有回在重慶嘉凌江邊，乍逢客戶「感懶樹」的一位鐵桿粉絲，他激動問我：「你們幫『感懶樹』寫的每一個字，擺的每一個姿勢，都敲到我的靈魂裡去，這些精彩的靈感哪兒來的呀？」

我回答他：「精彩的是青兒〈『感懶樹』創辦人〉如三毛般身心流浪的人生，我們只是扮演忠誠的知音與翻譯。」

寫實，是爲了寫情、寫意。眞實感悟添上幾筆詩情畫意，就是人文品牌的成功心法。

五、拍部好電影——人文品牌完整拼圖

有個主要在網路行銷的糖果品牌，兩位合夥人一爲碩士工程師出身的糖業第二代，另一位本身就是企畫與文字高手。產品命名頗有文創氛圍，加上料好實在，已經建立一定口碑與知名度。但他們求好心切，覺得網頁與包裝設計還有待改進，上課之後看中了我團隊旗下設計總監的風格，前來切磋。

乍看之下，似乎這個團隊只缺少設計專業這個環節，其他萬事俱備。但以兩人資歷與人脈，要找到設計高手並非難事，爲何耽擱至今？一問果然之前試過幾位設計師，「都蠻厲害的，但不知爲何，出來的味道就是不對。」我發現這個品牌，一方面訴求開運祈福，一方面又強調生長故鄉的自然生態，還有兩代傳承的品質堅持，品牌的主軸似乎尚未眞正釐清，品牌意象稍顯分散。如此，高明的設計師也可能走進迷宮，難用銳利筆觸精準描繪品牌臉譜。

他們的問題不算大，且畢竟有企畫底子，經營團隊有足夠能力來解決。而台灣很多中小品牌，包含小型文創品牌，版圖缺憾問題往往更嚴重。企畫、文字、設計、數位行銷、通路拓展…等經營品牌不可或缺的要件，總是漏了幾項。有自知之明且相信專業者，會尋求外部協助，找寫手、找設計、找網路行銷專家…，哪裡不足，就補哪裡，各路文武高手聚集，這樣品牌拼圖不就完整了？

技當成企業轉骨湯進補時，更別忘了這一帖藥方還需人文底蘊與美學設計力當作藥引，才能形神俱健。

六、人文品牌三部曲——用創意與誠意取代廣告預算

一九九七年創業至今，從創業雜誌、創業輔導再跨足到企業品牌輔導，一路曲折走來所累積的能量，在每次蛻變轉型過程中，更形厚實精煉。而一次次與客戶夥伴們並肩作戰所悟到的點滴累積，讓我深切體會中小企業資源缺乏的窘困，因此與工作團隊精煉出一些以小搏大的經營智慧。

品牌是一家企業的價值與靈魂，形諸於外是一組有系統的視覺符號，但更重要的，其實是彰顯企業與眾不同之無形價值觀與經營主張，也就是企業的核心精神。核心精神確立後，才能賦予貼切傳神的品牌命名，再把核心精神化約成精簡有力的品牌論述，而後濃縮成一句響亮的企業標語。當然，還要有一篇打動人心的品牌故事，以及相呼應的Logo、包裝、文案等一連串視覺表現。而後才是宣傳策略、通路佈局以及媒體曝光。這個過程我把它簡化概分爲三部曲：品牌定位→品牌塑造→品牌推廣。

除了把主軸從「產品」轉移到「人」〈包含經營者與消費者〉，強調右腦思維、心靈消費與寫實品牌，並試圖簡化品牌建構的流程與工具表單，讓未受過管理學訓練的企業經營者或團隊成員，也能很快上手，進入狀況。一方面，將策略規劃、SWOT、STP分析、品牌力分析、行銷4P……等生澀MBA術語及技法轉化成平易近人的輕鬆語彙，融入人文品牌三部曲

人文質感品牌三部曲

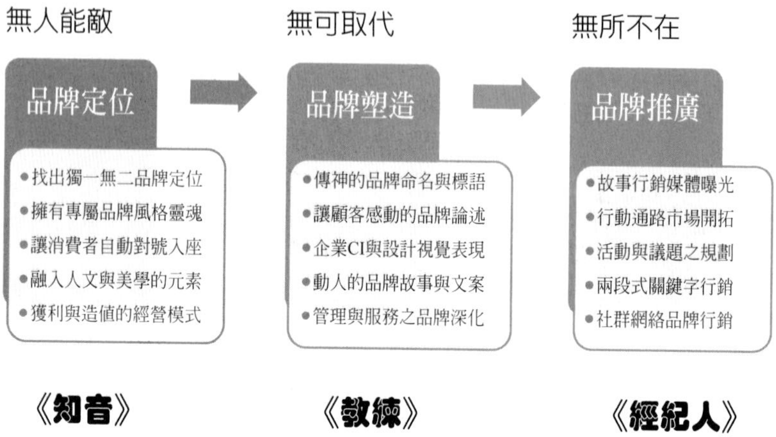
無人能敵
品牌定位
•找出獨一無二品牌定位
•擁有專屬品牌風格靈魂
•讓消費者自動對號入座
•融入人文與美學的元素
•獲利與造值的經營模式
《知音》
無可取代
品牌塑造
•傳神的品牌命名與標語
•讓顧客感動的品牌論述
•企業CI與設計視覺表現
•動人的品牌故事與文案
•管理與服務之品牌深化
《教練》
無所不在
品牌推廣
•故事行銷媒體曝光
•行動通路市場開拓
•活動與議題之規劃
•兩段式關鍵字行銷
•社群網絡品牌行銷
《經紀人》

的流程中；另一方面，在每個階段分別扮演企業之知音、教練與經紀人三重角色，讓品牌文化能力求貼近企業並具體落實。

在品牌定位階段，先是扮演知音，深入瞭解企業背景、專業與經營者人格特質，再整合企業商品優勢與經營管理資源，進而打造出只此一家，別無分號的品牌圖騰。而後進入品牌塑造，實際協助執行或改善CI、包裝、品牌命名、品牌故事、商品文案、網站設計、空間陳列……等等品牌相關事項，並以教練式服務傳承培育廠商建構上述相關能力，以便日後自力進行品牌深耕。而於品牌塑造完成後，還扮演經紀人角色，挹注媒體曝光、展售機會、網路行銷、政府專案等各式資源，加速提高廠商品牌能見度與知名度。

從品牌定位、品牌塑造到品牌推廣，依循脈絡層層開展，不需要浪擲大筆行銷預算，也能打造出具有人文質感的人氣品牌。

一、品牌定位──無人能敵

品牌定位是致勝關鍵，也是最困難的階段，而且這一定要由企業經營者全神投入，而不是丟給旁人代勞。品牌定位可從兩方面著手。一方面是從企業本身的特色切入，徹底檢視企業自身的創業動機、經營條件、人文背景、資源與策略；另一方面則是從洞察消費者人性出發，透過貪、難、懶、怕、鬆、美、愛、騷等人性商機八字訣，從中調整、精煉出具備認同感的專屬企業品牌定位，以及商品與服務呈現的樣貌，進而創造出吸引特定市場，並具有獲利前景的經營策略與模式。此階段的重點為：

A. 找出獨一無二品牌定位
B. 擁有專屬品牌風格靈魂
C. 讓消費者自動對號入座
D. 融入人文與美學的元素
E. 獲利與造值的經營模式

二、品牌塑造——無可取代

若說品牌定位是「做對的事」，品牌塑造便是「把事情做對」。寫實路線的品牌建構講究忠於自我，而且誠於中，也要形於外。包括商品造型、整體CI、故事文案、商品包裝、賣場風格、文宣設計、活動場佈、服務流程、特殊儀式、音樂搭配、員工態度…甚至是經營者的穿著打扮。一項個人風格、一些感官設計、一種空間氛圍或一個動人故事，要由內到外，在每項細節呈現中扣緊品牌特質，形神一致，難以被模仿或取代，讓消費者透過視聽接收，產生絕妙感官衝擊，進而感動認同，這就是所謂品牌塑造。而且不僅要能精準地向消費者傳遞品牌訊息與理念，並且還要力求品牌風格的一致性。爲使品牌精神貫穿整個企業，在此階段，經營者要以身作則全心投入，從上到下，對內進行品牌精神教育，將品牌內化到整個企業內部，還要對經銷商、銷售員進行教育，確保客戶不論從那個點、那個管道，所得到的訊息、服務都是一以貫之。

此階段的重點爲：

A. 傳神的品牌命名與標語

B. 讓顧客感動的品牌論述

C. 企業CI與設計視覺表現

D. 動人的品牌故事與文案
E. 管理與服務之品牌深化

3.品牌推廣——無所不在

企業品牌經營系統形成後，當然還需要搭配行銷廣宣機制與配合資源的導入，才能讓企業從只有「招牌」成長爲眞正的「品牌」。品牌行銷不一定要花大錢打廣告，善用網路工具之外，關鍵在於想辦法讓自己被更多人看見，然後讓資源找上門。所以盡可能化身千萬，以對的姿態現身於各個對的場合，包含社團活動、網路社群或展售會等等，就會有意想不到的化學效應產生，媒體也會循線而來，無須購買廣告，就可能獲得大篇幅推薦報導。此階段的重點爲：

A. 故事行銷媒體曝光
B. 行動通路市場開拓
C. 活動與議題之規劃
D. 兩段式關鍵字行銷
E. 社群網絡品牌行銷

第一部

無人能敵——品牌定位

一、心佔 vs. 市佔——在人文情感與消費洞察間定位品牌座標

尊榮、奢華、品味、卓越、前瞻、創新、誠信、完美、貼心、安心、便利、平價、幸福……，以上這些字眼大家應該不陌生，無論電視、廣播、報紙、雜誌、招牌、公車車廂、街頭看板以及網路廣告，它們無所不在，通常以一句標語的形式，來表彰企業品牌定位或展現品牌承諾。儘管產品天南地北，但字眼大都似曾相識，只是排列組合稍有差異。

如果說企業定位品牌的方式，是在一堆字卡中玩拼字遊戲，聽來很荒謬，但這樣做的企業大有人在。因爲上述那些字眼代表了人之所欲，以此自我標榜不就能虜獲人心？問題是，當每個品牌都說以客爲尊，都強調品味獨具，都爭著給消費者平價奢華或安心幸福，消費者該如何選擇？

曾經聽到一場由 HTC 行銷長主講的品牌經驗分享，深感心有戚戚焉。他提到當初 HTC 也曾走過這樣的冤枉路，在創新、卓越等字眼中打轉而無功，直到以"Quietly Brillant"定義自己的品牌性格，一切才豁然開朗，並晉身全球百大品牌之列。HTC 到底做對了什麼？投市場之所好當然重要，問題是你的同行也在做相同的事，而且可能比你做得更好。因此他指出還有兩個非常關鍵的檢驗指標，一個是"Ownable"〈可擁有〉，另一個是"Honest"〈誠實〉，而這兩個英文字其實就是我自己常講的「當之無愧，舍我其誰；名副其實，說到做到。」。

以消費者爲中心的創新是 HTC 最主要的驅動力殆無疑義，然而這似乎更是頭號對手

Apple的招牌能力。在知名度與行銷預算都遠遠落後對手的情況下，要拿什麼來鳴鼓揮旗？當HTC進一步深度自我探索，發現「謙卑」與「低調」是團隊從上到下的普遍特質，於是以謙卑之心傾聽消費者需求，甚至超越消費者需求，便進一步深耕爲企業文化與品牌性格。"Quietly Brillant"訴求的即是曖曖內含光的價值觀，得以與全球消費者共同分享。

好大喜功，譁眾取寵也許可以取信一時，但表裡一致、言行如一才能讓品牌可長可久。尤其資源相對弱勢的後段品牌或後進品牌，要先找出團隊成員都願意奉爲信仰的品牌文化，落實於日常運作的所有細節中，經年累月下來，自然有一批知音消費者願意用荷包來爲品牌喝采。

如何找出一個品牌的獨特定位？傳統品牌定位的基礎是建立在競爭思維上，假設消費者心中都有一座精準的座標量尺，會精明地權衡比較，於是不同品牌各自挾其優勢，分別滿足消費者不同需求，割地封侯瓜分市場版圖，彼此還要分個高下，爭搶市場龍頭、領導品牌或第一品牌的寶座。

個產業只有幾家品牌存在的情況下是成立的，例如智慧型手機。但是當絕大部分產業充斥大大小小、知名無名各式品牌時，光是SWOT分析、STP分析、競爭者市調等理性研究，顯然不足以讓新進品牌或弱勢品牌取得位置或一舉翻身。例如一個小型休閒食品品牌只在網路銷售，超市與賣場貨架不見它的身影，那它去跟統一、味全等大廠的品牌做競爭區隔的意義何在？何況現今產業的定義日漸模糊，跨業種不稀奇，不時還有前所未見的新行業誕生，根本無從比較。

商場如戰場，常見行銷會議上，專家拿出一堆市調數字，羅列一群假想競爭對手，製作出縱橫交錯，眼花撩亂的各式圖表，仙女棒一指，「鎖定二十五歲到四十五歲高學歷上班族女性」、「專攻單身租屋族群」、「事業有成中年男性最愛」，那就是等待拂曉攻擊的諾曼地了嗎？

以分享代替競爭

顧客才是品牌座標的依歸。但如何找出一個品牌的獨特定位？企業創辦人或經營團隊的故事或人格特質，往往就是最佳Y軸座標。不管是對夢想的熱情、對族群的關懷、對土地的虔敬、對文化的執著、價值觀的堅持、兒時記憶投射、人生際遇體悟、特殊專業組合或是生活風格與美學獨特主張等等。例如將珠寶與插畫藝術融入生活小用品，創造「生活珠寶」新概念；頑童性格的設計師讓家具透過拼圖、堆疊、錯位甚至裂紋等方式，提出「互動家具」新主張；台南女兒把對家鄉虱目魚美食的熱情化為行銷國際的創意商品；家裡有不肯乖乖吃「藥藥」的過敏兒，於是創立「讓寶貝的身體與嘴巴都說Yes」的糖果式兒童保健食品品牌；熱愛國畫書法與傳統樂曲的茶商，以「琴棋書畫」勾勒品牌意境，將製茶過程、茶湯喉韻與色澤加上人生體會融於一爐……。

情感張力，舍我其誰

這樣的定位方式，充滿人文情感張力，也讓品牌有了舍我其誰的獨特風格。但品牌定位並非自己說了算，因此還需具消費者洞察的行銷訴求做為X軸，我將之歸納為人性商機八字訣——貪、難、懶、怕、鬆、美、愛、騷，延伸出包括訴諸懶人商機、痛苦商機、童趣商機、美感商機⋯等等，再從中交集定義出品牌在消費者心中的位子。由於與消費者有交集，引起共鳴之餘，顧客主動幫忙口碑相傳的例子不勝枚舉。這種模式不只適用於個性品牌，即使已經有一定規模的消費性產品品牌，依舊可能回溯最初，發現動人往事從而再現品牌新風華。

例如有個客戶是著名的奶茶品牌「三點一刻」，與創辦人深談後發現，這個品牌源自於一個茶農出身的子弟，為了解決家鄉茶葉滯銷影響茶農生計的問題，運用家族百年相傳的調茶與焙茶技術「朱氏香焙」法，以台灣茶為根基，把不同時令、不同茶區的茶葉依特定比例調和，再結合特殊製茶技術，獨門調製出絕佳口感的茶包式奶茶，即使原本被認為是次等的夏茶、秋茶，只要經過這番獨門功夫，口感立刻不同。這些點滴故事與特殊Know-how，原本只深埋在經營者心中，殊不知這正是品牌得以被辨識與流傳的特點。

當然，品牌內涵不可能千年不變。隨著經營環境變化或目標顧客行為轉移，企業每隔幾年都應該重新省思品牌定位與論述，加以調整。例如 7-Eleven 不就從「你方便的好鄰居」、「有 7-Eleven 眞好」一路到「Always open, 7-Eleven〈總是打開你的心〉」。

大企業打品牌，動輒上億上千萬廣告預算，搶的是市佔率。沒有天文數字預算的企業，如果要塑造品牌，靠的是贏得消費者情義相挺的心佔率。經營品牌與其把力氣花在如何跟同業較勁，不如把焦點放在如何讓顧客分享。最成功的品牌不是「第一品牌」，而是擁有一群消費者衷心支持的「唯一品牌」。

二、Y軸—從經營者特質思考——讓客戶因你而有存在感

當品牌圖騰是企業經營者自我的延伸，一種舍我其誰的情懷，便有了無人能敵的說服力。但不是所有品牌都能當下一針見血，挖掘到自身無可取代的特點。在我與許多企業主做品牌概念溝通的過程中發現，絕大多數人當局者迷，看不到自身的特色，或是忽略手上握有的寶貝。也有不少人隱約有所感，卻苦於找不到適當詞彙表達。

這時我常常得扮演知音，見其之所未見，言其所難以言，在一團蛛絲馬跡中，幫他們挖出深藏的寶礦，並且用精準語彙一言以蔽之。

如何從經營者身上挖出品牌的人文風采？以下是十個我常用來接收線索的參考面向：

◆對夢想的熱情

有夢想的人通常眼睛會發出亮光，尤其在他們談到自己最關切的事物時。當對方談到忘我，我感受到有兩道閃電射出時，往往這段表白就是關鍵。例如盧靖穎當年在課堂上高喊：「我要讓虱目魚魚躍龍門！」從此一個台南女兒把對家鄉美食的熱情化爲行銷國際的創意商品，成爲「虱目魚女王」。

又如「檜樂」，一塊廢棄的木頭，捎來原始山林的蔥蘢氣息，也開啓兩個女生的神奇之旅。筷子、飯匙、水瓢、枕頭……，彷彿打開阿嬤的藏寶箱，她們的夢想是要讓台灣檜木以

清新手作，重新走進你我生活。原名「御品木」時，沒有傳神表達這段夢想，改名後清晰的夢想藍圖引來更多知音，也招來志同道合的合作夥伴，豐富了商品線。

芒果非得在盛夏產季才吃得到嗎？這麼美味的台灣珍品如果一年四季皆吃得到該有多好？農家出身的張智閔英文名字就叫 Mango，他和太太 ChaCha 合力創辦了芒果甜品專賣店「芒果恰恰」，成了全台第一個芒果長。芒果長常在店裡賣力向客人傳播芒果經，時而促狹，時而正經，其中包裹著對台灣農業的綿密情感，叫人不感動也難。輔導過程中，他接受建議作了一個時髦芒果頭造型，成爲品牌吸睛亮點。

◆對在地的關懷

兩個從台北來到嘉義讀書的孩子，在這裡遇見，稻田裡奮力搖擺的稻草人，從土裡探出頭的青嫩筍尖，還有咧嘴微笑的金黃夕陽躲入地平線……，他們把這份感動化成創業動力，成爲台灣第一家爲小農行銷的農妝品牌—「北緯 23.5」，以牛皮紙盒與菜綠瓶身，封存了陽光與新鮮，讓你我肌膚飽吮田間樹頭的潤澤香甜，這份來自寶島土地的恩惠，暖胃也麗顏。

北投菜市場一賣四十幾年的老攤子「大來鹹水雞」，店內嚴格篩選來自花東的放山雞佐以四十年老滷烹煮，鮮美滋味不僅本省人愛吃，附近眷村媽媽也常光顧來一解鄉愁。在北投起家，他們希望成爲北投的代表品牌，於是變身「北投齊雞」，招牌鹹水雞也順應老顧客暱稱，改名「果凍雞」，成爲繼溫泉之後，另一項北投在地名產……

◆對自然的虔敬

以金工搭配琉璃創作的「自然風采」，創辦人楊琇芬鍾情於向大自然借景。海邊漂流木、小石頭婆婆路上撿到的一棵相思樹種子，全家出遊賞櫻時蒐集到的片片落花，都可以轉化成令人驚豔的作品，而且獨一無二。夏天裡看到圓形的翠綠樹叢，暖暖的太陽，她便創作「夏日圓圓」系列；有感於社會氣氛低迷抑鬱，她用燦爛的「彩虹」系列催生雨過天青後的希望。

許雅涵Yaya從小喜歡畫畫，喜歡大自然，喜歡作夢。靠著許爸三十多年紡織製造技術的力挺，加上三十多年經驗的國寶級訂製服師傅出馬，「許許兒」開發出獨特的有機棉，條紋、圓點、布紋、織法都顛覆一般有機棉服飾單調樣式。不僅更輕、薄、透，也讓有機棉服飾有了更多可能與樣式，就叫它「森紛有機棉」吧，那是許許兒專屬的森林系繽紛。彷彿看見雲朵、彩虹，還有一股煦煦和風，女孩的夢境化爲森林裡一片片葉子，隨著春夏秋冬變換顏色，要把最眞實的自然，悄悄裝進每個女生的衣櫃裡。

「光陰川流經緯織線，透晰千年；林間一抹夏日微風，摩娑蜿蜒。苧麻編成的美麗傳說，抵抗蟲腐菌生，招來涼爽淨透，讓古老與時尚來回穿梭，生活。」對古老歲月與天地自然的嚮往，重慶「三億齋」創辦人楊青把苧麻織成的夏布種成了一棵「感懶樹」。

◆對文化的傳承

精緻繽紛的設計造型與軟順亮滑的刷毛，吸引許多年輕女性駐足，不少中年人甚至阿公阿嬤也發出驚呼：「這不是林三益嗎？我小時候就是用他們家的毛筆練字啊！」位於大稻埕，以精工製作毛筆起家的百年名店「林三益」，幾乎已成為文房四寶的同義詞，年輕一代將製筆技術優勢延伸到時尚彩妝刷具，「LSY 林三益」以「紅顏如紙，青春如詩」的文化風情刷新時尚品牌形象。而百年的工藝傳承與歲月流轉軌跡，讓一個新秀時尚刷具品牌，呈現深厚的文化質感，吸引偶像劇寫進劇本，產品得以粉墨登場。

被媒體譽為「香奈兒級團購美食」的双人徐，把炸醬麵做成有如精品一般。但只強調五星級質感，難免被仿效。其實獨門炸醬是奶奶起手的傳家之寶，「做炸醬跟做人一樣，腳踏實地不能偷懶啊！」原來這小小的一鍋炸醬，藏著徐奶奶待人處事的大智慧！奶奶的巧手廚藝與做人道理，徐家兩兄弟牢牢記住了。双人徐不僅讓麵食變成精品，麵店有如夜店，品味生活之餘也與大家分享，徐家代代相傳的處世哲學。

好吃的古早糕餅，不只是食物，更具有撫慰人心，傳遞情感的魔法。李爸爸在五分埔起家，將香港老師傅因緣傳授的漢餅秘訣，用心揉合台式傳統與日本習得的技法，讓「三統」傳統糕餅不只是受歡迎的伴手禮，也陪伴無數台北小孩一路吃到大……。二十五年後，李家三個兒子接棒。一邊傳承了父親的古意性格與經典手藝，一邊發動了一場漢式糕餅的輕甜革命。精緻小巧，低油、低脂、低糖，眞材實料與手感火候創造絕妙口感。老婆餅、雪凝糕、綠豆糕、小大餅、蜜炒煎果糖……，不讓和菓子、洋菓子專美於前，「三統漢菓子」開創了味蕾新文化。

◆對理念的堅持

品牌對企業的意義，除了是企業的圖騰，有時更是經營者價值信仰的符號。尤其讓人感動的微型品牌背後，通常都埋藏著經營者對生命的獨特詮釋，爲了實踐一個在別人眼中看似傻氣的理想，義無反顧。

網路上賣土司的四方屋只採用台灣小農的無毒農產品做爲食材，創業夫妻檔還堅持實地探訪，有次親眼看到農夫居然把地瓜田裡耙出的蟲子一口吞下肚，這樣的無毒地瓜即使高出市價甚多，還是歡喜買回。不只食材嚴選，製程也分外講究。初期兩人每天埋首在沒有冷氣，十坪大的小小廠房裡，從食材準備、麵糰發酵、分割、加料、整型、放鬆發酵、擀摺、再發酵、再擀摺……到最後送進烤箱，每天少說工作十五個小時。如此健康又綿密彈「Q」的吐司自然受到歡迎，但因一天最多只能做出六十條，網路訂單已經排到一年後。熱賣的假象常讓人誤以爲夫妻賺了大錢，但扣除食材成本與管銷，兩人其實只賺到一人份的普通薪資。「擀麵棍擀一圈是七公分，一條吐司要擀六十次所以是四．二公尺，每天做六十條就是二百五十二公尺，每年工作約二百八十天七十公里。」四方屋的擀麵棍每年七十公里走了三年，終於守得雲開，有了較大的廠房與生力軍加入嚴格生產線。

一個疼惜動念，一對在科技業服務二十餘年的白領夫妻，轉身投入抓漏事業，創辦了「抓漏達人」。兩位虔誠的基督徒夫妻，從《聖經．創世紀》諾亞方舟的故事得到啓示，以喜樂的心，帶領著經過百般鍛鍊磨合的施工團隊，以同舟的心情，視宅如家，打造滴水不漏的幸福。客戶肯定加上媒體青睞，抓漏達人其實不缺案源，然而，有些師傅喝酒嚼檳榔的積習，讓服務品質打了折扣。如何讓師傅理解認同兩人的苦心及經營理念，讓服務流程深化改善，讓兩夫妻傷透腦筋。不想只停留在房屋修繕的技術面，二〇一二年歲末，「抓漏達人」展開改造大計並逐步轉型。新品牌「居有方 Home Ark」，寄託了兩人對新志業的期盼——打造居家方舟，從此安居有方。

◆兒時記憶投射

Renee 從童工一路奮鬥成為電子業女老闆，貧困早已成往事。但母親那咬緊牙關卻充滿陽光的溫暖臉龐，仍深深牽引著一顆不捨的女兒心。人生的醍醐滋味，就躡藏於身邊的平凡風景，以母親之名，「招弟」復刻兒時記憶中難忘的媽媽味，將最單純的快樂與世間人分享。

「河洛坊」創辦人林銘文老師，從小跟著當北管樂師的父親跑廟會場子，一個戲棚下長大的囝仔，無悔投入精緻布袋戲偶工藝。匯集了文學、哲理、說書、雕刻、刺繡、繪畫、音樂、戲劇等藝術，一尊尊栩栩如生的戲偶都在訴說一個動人的故事…，當鑼鼓弦管聲昂揚，翻掌天地，戲說今昔；情有獨鍾，樂在其中。

傳產「鑫鉝鋁業」年輕第二代積極開發色彩繽紛的新產品，企圖爲傳統鋁櫃注入創新設計。過程中挖掘出她於輕巧鋁櫃間探險遊樂的兒時記憶，因而爲其新創品牌找到定位並命名爲「FunCube 方塊躲貓」，並以「百變空間，新鋁時尚」爲其理念，鎖定年輕都會客群，展現童趣路線的文創臉譜。

◆人生際遇體悟

台灣有不少文創品牌之誕生，其實是創辦人自我醒覺的人生探索旅程。玩過古玉，玩過寶石，吳伶的探索之旅來到尼泊爾。驟然發現一種手作再生紙，每一頁紙，或有花瓣，或有樹葉，或有樹莖的纖維，心底大爲震動。離去前在一個小村莊她見到一個黝黑男子在石頭上敲著香蕉莖葉，一邊揮汗，一邊跟妻兒嘻笑，她當下恍然，原來自己一直尋尋覓覓的不只是「美」，還有來自天地的原始樸眞。「汲祇鎭」就這樣誕生了。玫瑰、金盞花……，一朵朵老天爺種在大地上的鑽石，被吳伶拿來做成一張張漂亮的手工紙，再化成筆記本、結婚證書、燈飾……，交換、流傳、紀錄著不知多少人最眞實的情感。

一把勺子、兩把刀，從前陝西鄉民離家謀生，旅途上隨時以烹廚手藝爲人「辦桌」，也給自己混上一頓溫飽。於是在當地稱呼會作菜的人爲勺勺客。兩千年前的世界中心、絲路起點——長安，孕育出百味爭妍的香料飲食文化；一九九六年，浪跡大西北三年的文藝廚娘李櫻瑛，與姊姊弟弟，開起了全台第一家陝西菜館「勺勺客」，飥飥饃、臊子麵、羊肉餄餎……，一道道大漠料理與黃土佳餚上桌了。扛著勺子的遊人，嬉遊的靈魂安生下來，透過美食敘說著一段段故事：絲路異國香料的流浪、窯洞土炕上的麵香、塞漠風沙炙陽氣味……，台北廚娘在故鄉重現長安風華。

夏天是戲水的旺季，然而每到夏天，溺水意外的新聞頻傳。看在黃崑勝眼裡，特別欷噓。黃崑勝在當兵時，旱鴨子的他有次被同袍拉去游泳，冷不防被弟兄從背後推下水，讓他嚐到生死一線間的恐懼。水中出事，浮沉生死不過轉瞬間，爲了防止溺水悲劇，黃崑勝花了近十年時間飽受冷嘲熱諷，歷經無數挫敗，終於研發出一款又酷又方便的救生手錶，可以帶在手腕上，在水中緊急時一按，就有氣囊自動生成，可以讓人抱著漂浮，等待救援，而且簡單到小朋友也會操作。這支救命錶，後來叫「FWATCH 帥浮表」。

◆特殊專業組合

在專家高手不缺貨的年代，行行早就有了狀元。與其汲汲於搶下武當派第一高手的位子，不如兼擅少林、華山或峨嵋等各家精髓，苦練融合成獨門絕學，另創一派別人參不透的武功，亦即將幾種專長融爲新的「專業組合」。

多年前有個創作飾品的女生思伶，網站叫「華麗天堂」。顧名思義，作品金光閃閃，珠光璀璨。仔細端詳發現很多設計巧思，做工也非常細膩。問題是，以金、銀、珠、寶爲素材的飾品設計者到處都是，強調華麗風的優秀創作者也不乏其人，在缺乏行銷資源的情況下，面對同質性很高的競爭對手，想純粹以創意與做工勝出，談何容易？在一片閃亮的作品中，我注意到有幾件造型與風格特別不一樣。原來她運用旗袍緞布與施華洛世奇水晶或有色寶石編織成歐洲宮廷風首飾。這樣的作品既有個人風格，又難以被模仿〈對布料材質的掌握與特殊織法需要相關專業〉。我們建議她，就以織布飾品做爲她的事業定位與主力商品吧。

於是她重新調整商品，並把品牌名稱改爲「S,Lyn 織璘舫」，一方面凸顯商品特色，一方面嵌進自己的名字。從此她逐漸脫離擺攤被殺價的窘境，也成爲一名出色設計師，更得到國際品牌委以設計重任。

甚麼樣的耳機足以匹配巴哈、莫札特的磅礴？甚麼樣的耳機不辱沒周杰倫、蔡依林的潮流時尚？身爲高級音響店老闆的兒子，「好米亞」創辦人 Garcia 的耳朵從小就比一般人更挑剔。長大之後到紐約求學，這個世界的時尚之都讓 Garcia 深受震撼，不管是美術館、時尚秀、藝術家工作坊還是第五大道的名品櫥窗，都開啓了他的美學視野。多年後，與一群志同道合的夥伴合夥創業生產耳機，剛開始爲各大廠做 OEM、ODM，累積一定的經驗和資金後，開始自創品牌朝自己的理想奮鬥——讓耳機成爲一種兼具視覺與聽覺享受的時尚配備。他與一流好手合作，不斷提升耳機音質與造型設計，以致讓國際大廠與歌壇天后青睞，精品通路也頻頻招手。

以專業組合創造特色商機，從而建構品牌風格，這種方式不只適用於文化創業產業，對於有心找到藍海商機自創品牌的創業者，一樣受用。例如知名的夜市剉冰女王邱珉也是學設計出身，但把設計與色彩專業融入剉冰事業。經過如此混搭，不僅把專長用上，也設立競爭者難以仿效的門檻。

◆生活風格提案

有人嚮往「琴棋書畫詩酒花」，有人醉心於「柴米油鹽醬醋茶」。該怎麼生活才有滋有味？人人有不同見解，若能提出讓人產生共鳴的生活提案，品牌就有了進退的依據。

喜歡香草與芳療的蔡怡貞創業之初，也跟多數人一樣，想要販賣精油，但是市場競爭激烈，她又沒有芳療師執照爲專業背書，成功機率不大。我請她描述香草在她生活中所扮演的角色，後來發現她簡直食衣住行都少不了香草的影子，而且講來頭頭是道。「香草滿屋」的概念就這麼誕生了，借用韓國偶像劇「浪漫滿屋」的幸福意象，打造香草居家生活。她著手研發創意，和設計師與工廠合作開發新商品。除了商品用心，「香草滿屋」要經營的是一種居家情調，蔡怡貞開始進修上課，還經營部落格，發行電子報，甚至我鼓勵她開始寫專欄，因爲我發現，歷經人生重挫之後，她的文筆有一種沈澱後的幽然。之後，人生從晦暗重新亮起來，自癒也癒人，我戲稱她是療傷系創業家。如今她已成爲香草專家，不但出書還上電視分享香草如何入菜，如何走入生活。

從接案維生的都會SOHO族逃離到山中隱居作陶，這段路對張華銘和吳玲玲來說，不只是營生方式的改變，更是生命價值的重組。原來的工作室名稱叫「華亨陶」，其實也是個雅緻的名字，但夫婦倆覺得要該取個軟性一點的品牌名稱。聽了他們的故事，看到了他們的作品與埔里山上工作室的照片，「陶籬人間」四個字剎時從腦海中蹦出來。山間工作室外的一道竹籬，真的有「陶」淵明「採菊東籬下」的脫逸，但真正感動我的是他們把創作融入生活的執著，以出塵品味和紅塵接軌！

這種「田園將蕪胡不歸」的工作觀與生活哲學，對於許多還在紅塵俗世掙扎翻滾的人，很容易興起「雖不能至，心嚮往之」的感觸。從「雲」、「心淨土淨」等作品的命名就可看出創作者的心境與人生觀，而這樣的性靈寄託，打中了許多現代人的心事。「陶籬人間」販賣的，其實是一種生活風格提案，一種對「蝸角功名」、「蠅頭利祿」的反動與省思。後來工作室搬遷了，但悠然南山的影子，仍在他們的作品徘徊。

◆創意美學主張

有人鍾情黑色，有人偏愛白色。「色魔漆坊」的創辦人林督則是不折不扣的「色魔」，身上與腦袋裡全是色彩，而且難以忍受牆面一片全白。她對顏色有一種天賦的敏銳，再多色彩到了她手上，繽紛中自有和諧規律。林督定居美加二十多年後返台，發現台灣牆面仍多半處於白色天下，漆作美學的可能性尚未開發，於是決定把自己在北美所學，融合藝術、油漆與裝潢的「仿飾漆」專業引進，開始了「花式漆作」之美學推廣，一方面爬梯子塗牆壁，一方面開班授徒。如今她已是桃李滿天下的名師，在居家點燃色彩的火把，鼓勵「心中有色，不

三、X軸—從消費者角度思考——人性商機八字訣

如果品牌是電影，顧客才是主角，而不是你的商品。如何才能讓顧客透過你的商品或服務，產生愉悅的存在感？

「我們的產品得過國內外許多大獎，製作過程非常嚴謹，品質層層把關，採用的流程是通過國際某某標章認證，其中有一樣技術更取得全世界多個國家的專利，這是某某博士根據某某理論，經過多年研究與實驗，特別自某某萃取出獨特珍貴某某原素，我們很榮幸來跟各位分享其中奧妙原理……。」台上講得口沫橫飛，台下昏昏欲睡，這是很多企業新產品發表會或是業務提案簡報常見場景。

我在從事顧問諮詢的過程中，也三不五時聽到類似這種「老王賣瓜，自說自話」的語言。當我問對方覺得自家產品的特色是甚麼?常會聽到諸如「我們的餅乾口味很特別，很好吃」、「我們的保養品採用純天然成分」、「我們的製作過程很費工」…等等回應。對自己的產品或服務有自信本是件好事，只是絕大多數經營者過份專注於產品本身，卻忽略了消費者的感受。

而許多文創產業業者，其實有許多極具巧思的商品設計，靈感也許來自於自己的生活經驗，也許偶發於一個曾經目睹的街頭場景，甚至是自身情感的投射。例如方便掛在胸前的眼鏡鍊、讓不同身高的人都可自在跨腳的高腳椅、可拿來當相框的包裝盒……等等，但是很多業者忘了將設計時的初衷拿來跟消費者交心，只在材質與功用上作文章，因而難以引發感同

身受的共鳴。

消費者不想聽大道理，不想瞭解你這個領域的專業知識，不在意你得了幾次獎、受到多少稱讚，他們只關心你的產品對他們有甚麼好處，而且這個好處是否真的無可取代？

跟人性下棋

行銷說穿了其實就是跟人性在下棋，只是經營者容易當局者迷，在自己慣用的語言裡繞來繞去，無法跳脫專業本位的思考迴路。如何才能打進消費者心坎裡呢？其實就是回歸到基本人性。以下的人性商機八字訣，是我經過多年歸納彙整後的心得，用來跟經營者一起檢視他們的商品訴求，是否切實命中市場要害，並據此重新調整佈局。

八字人性商機

1. 貪—人多少都喜歡貪便宜，但不一定指價格要低。贈品、點數、免運費、一物多用、多人共用、NG商品……，甚至只是大包裝改小包裝降低單價，或是減去目標顧客不需要的元素，或是改變消費者心中的比較座標等等，即使價位不低的商品都能造成超值划算的效果。例如百變組合櫃、多功能健身機、廉價航空、平價精品旅館等等。

2.難—即麻煩商機或痛苦商機。針對某群人困擾的問題，提供創意解決方案或提供專業。例如針對忙到老是忘記生理期的職場女性，提供生理期提醒與資料庫服務；教顧客一分鐘搞定難畫的眉眼彩粧；長得像糖果的兒童魚油讓媽媽不再與小朋友奮戰逼他吞「藥藥」等等。

3.懶—人都有怠惰心理，凡是能提供省時、省事、省力，或是隨時隨地可操作的方案，總有人拍手歡迎。例如鐘點管家、代客××〈泊車、排隊、洗鞋……〉、×合一〈如洗頭、洗臉、沐浴三合一〉、即食即飲、免下車服務……等等。如源自「四川吳抄手」的網路品牌「川饌」，突破技術上的層層難關，讓顧客將做工繁複的傳統美食輕鬆買回家。招牌商品「懶人麵」用熱開水攪拌兩分鐘，搭配醬料就可以完成如同現做，美味有嚼勁的刀削麵料理。

4.怕—人性底層潛藏許多莫名恐懼，怕死、怕老、怕胖、怕醜、怕寂寞、怕落伍……，你的商品或服務是讓他們看見生機的那根浮木嗎？有機或無毒商品是此種訴求的典型代表，其他諸如減肥、整型、生髮……等等都是熱門的恐懼商機。

只是在競爭激烈的紅海市場中，如何抽絲剝繭深入人性更底層，才有可能挖出獨特新商機。

5.鬆—現代人不是壓力過大就是生活苦悶，很多人需要抒壓放鬆，或是追求新奇有趣的體驗，找回幸福感與感官愉悅。例如提供打工換宿特殊旅行方式的「農場背包」、提供阿凡達式3D婚禮攝影的「愛度文創婚紗攝影」、而COPLAY的設計包則集結多國設計師的無邊創意，邀你一起來玩肩揹、手挽的各種流動繽紛。

6.美—所謂愛美是人的天性，除了讓人變得更美之形而下訴求，美還包括形而上的感官驚豔。山水之美、飛鳥之美、花葉之美、藝術之美、詩詞之美、人情之美、稚言之美……，商品或服務講求實用之餘，若能兼顧美感或傳遞美學概念、文化意涵，往往能讓拔高價值，而且顧客依然捧場。

7.愛—主要是對親人、情人與寵物的情感訴求，很多商品或服務對某些消費者本身也許不是非常必要，或礙於價格覺得並不是非買不可，但轉個彎訴諸親情或愛情就有峰迴路轉的效果出現。例如墜子為心型的眼鏡掛練，取名「掛在心上」，即可成為寄情小物，送給母親、送給情人都是很「貼心」的禮物。當眼鏡掛在那顆心上時，就彷彿把想「看見對方」的心情掛在心上。而除了小愛，對國家、同胞或弱勢族群的大愛，也往往具號召力。

8.騷—也就是面子商機。諸如尊貴、成就、稀有、虛榮、拉風，愛面子與虛榮心不是有錢人的專利，除了豪宅名車，還有很多產品或服務創意，讓普羅大眾得以享受驕其親友的滿足感。例如六星級汽車旅館就是鐘點豪宅概念，買不起一整棟於是買下一夜奢華，第二天中午十二點馬車變回南瓜，王子公主滿意地回家。而這種部分奢華的概念，其實可以很創意地套用到不少商品或服務上。面子上的滿足，不只來自奢華，有人炫富，也有人愛炫雅，彰顯自己的獨特品味。而有些人行事低調不愛張揚，但其實很在意有沒有受到尊重。另外，訴諸稀有、限量或是可以刻上名字等等，都能讓人走路有風。

人性很複雜，當然不是簡單八個字可以概括。但為了更精準瞄準市場，不失為方便有效的參考指標。八個字有時會互相牽動，而且人們願意爲之付出的代價，八個字依序由低變高，有時定位一移轉，效果便完全不同。例如前文提到的自動升降曬衣竿，產品可以帶來省時省力的好處〈懶〉，但一般人會因價錢太高而打消購買念頭。但若將定位轉移到「愛」字訣，產品是用來體貼孝敬老人家，願意購買的人便大幅增加。

八字訣關鍵字

貪	折扣、贈品、吃到飽、多用途、多人用
難	解決問題、提供專業、貼心可靠
懶	省時、省力、隨時、隨地、便利
怕	怕死、怕老、怕病、怕胖、怕醜
鬆	抒壓、趣味、幸福感、感官愉悅
美	時尚、藝術、文化、色彩、設計
愛	親情、愛情、友情、寵物、大愛
騷	尊貴、成就、稀有、虛榮、拉風

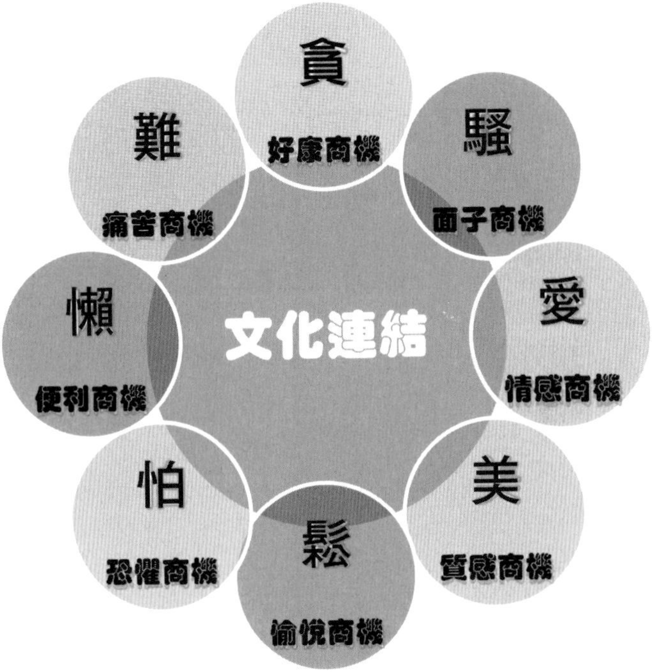

以上人性八字訣，除了抓出主要訴求重點，其他命中率愈高愈好，因爲眞正厲害的商機定位，往往是綜合以上好幾字訣所組成，面面正中人性要害，自然無人能敵。例如上文提到防止溺水的救生錶，原名「隨身浮抱」，訴求就是一個「怕」字訣。但人都有僥倖心理，「戴上它就不怕淹死」的訴求不夠強烈。於是把產品酷炫的外觀與用法加入論述，訴求在海邊與泳池邊戴上它很拉風、很有趣〈騷＋鬆〉，另外開發兒童用錶，小朋友學習游泳時可讓家長放心〈愛〉，名稱也順勢改成 FWATCH 帥浮

SOHO 品牌定位矩陣

X座標／Y座標		貪	難	懶	怕	鬆	美	愛	騷
對夢想的熱情									
對在地的關懷									
對自然的虔敬									
對文化的傳承									
對理念的堅持									
兒時記憶投射									
人生際遇體悟									
特殊專業組合									
生活風格提案									
創意美學主張									

表，而FWATCH另可用諧音「浮蛙趣」進行社群行銷。

再如：「不需百坪空間、不需黃金地段、不需豪華硬體，只要心存美的嚮往與想像，人人都可以藉著琉璃創意，打造出自己專屬的「情境豪宅」，以上訴求便囊括了貪〈只要花小錢〉、難〈人人都可以〉、鬆〈有趣的變化，有想像空間〉、美〈琉光意境之美〉與騷〈專屬、豪宅〉。

而以八字訣代表的消費者洞察，除了運用於產品本身規劃，更重要的是在行銷溝通過程中，帶入與消費者切身的文化連結，並以平易精準的語言或文字傳遞出來，一語中的，才能讓潛在消費者願意打開眼睛與耳朵，接收你的訊息。而在品牌定位階段，先分別將商機八字訣與十項經營者特質勾選出並加以情節描述，然後進行交叉比對，很快便可找出品牌最佳的定位座標，我姑且稱之「SOHO品牌定位矩陣」，即是運用左腦式邏輯手法，制定右腦式品牌策略。

除了用「SOHO品牌定位矩陣」找出品牌在市場上的訴求定位，關於定位策略，還有一些考量需要釐清。尤其是商品或服務的獲利模式，賣什麼，賣給誰，都是思考重點。

四、賣作品還是賣商品？

這是文創品牌者常碰到的問題。

在台灣，眞正能賺到錢的文創業者屈指可數。很多人以爲，那是因爲搞創作的人比較不食人間煙火，堅持理想何必曰利？其實不盡然，我認識的文創業者沒有不想賺到錢的，至少沒有人覺得獲利是一種罪惡。那問題出在哪裡？

撇開複雜的經營因素不談，很多時候是卡在經營者不清楚自己應該賣甚麼？賣藝術理念、賣設計品味、還是賣商品價值？作品不等於商品，創作得出來就叫「作品」，有量產機制叫做「產品」，能銷售得出去才叫「商品」，而賣得了高價便晉身爲「精品」甚至是「收藏品」。只有知名度夠高的創作者，盡情出手無須多言，作品本身便是搶手商品或精品，而大師級的作品更有人爭相收藏。

絕大多數的設計師或工藝家，即使還未打出足夠知名度，卻試圖苦苦向芸芸眾生兜售自己的作品理念，結果常常恨無知音賞。「作品」，是美學理念或設計創意語彙的主觀呈現，儘管是神來之筆或意境幽緲，畢竟是創作者的個人價值抒發，若無品牌光環加持，容易流於喃喃自語，跟群眾疏離，最後只有少數行家或同儕垂青，銷售數字自然慘澹。「文創商品」，則是將作品融入常人飲食起居、進退坐臥，並且延攬了凡夫俗子的貪嗔喜怒愛恨情仇，讓人在對美感拍案之餘，還能戚戚會心，如獲知音。

早年曾輔導一位飾品設計師，儘管她的首飾作品常得獎也深具特色，但爲了建立更鮮明的品牌個性，我還是建議以「生活珠寶」做爲她的品牌主軸，於是有了而「這那生活飾」。這個過程看似行雲流水，其實是因確認了經營者有實踐品牌概念的能力，尤其是一般藝術創作者所欠缺的關鍵能力。重要的關鍵有二，其一是她對日常生活細節的洞察力。例如她注意到很多上班族打扮入時，脖子上卻掛著一條別著員工識別證的粗俗帶子，破壞了整體美感。於是設計了一種鍊子，白天可配掛識別證或手機，下班後將識別證取下，立刻變成美美的項鍊。而杯環也是一個經典創意。在高腳杯腳或咖啡杯耳套上一個有顏色的美麗寶石，不僅不會認錯杯子，還能讓自己成爲派對矚目焦點。

抒發價值還是市場掛帥？很多業者陷入兩難，尤其帶領一批設計師或常發包委外商品設計的經營者，常得跟設計師的價值觀拔河，要說服設計師修改作品，難如登天。其實很多時候，這兩者並不衝突，而且過於偏頗天平任一端，都不是好事。

例如「品牌台北」輔導的文創廠商，由設計師吳松洲經營的「蔣堂」，原本想透過設計專業自創品牌，因緣際會取得中正紀念堂紀念品專櫃經營權，於是以兩蔣創意商品出發，還網羅其他台灣設計師的作品，期許成爲本土設計師展售平台。立意雖好，但設計師集合平台的定位並非獨有，許多文創公司或文創園區也在執行此一概念。兩年下來銷售成績並未給面子，長期徘徊損益邊緣。

後來自己也是品牌顧問的阿洲接受顧問建議，全力經營兩蔣 Kuso 商品。相較於「橙果設計」之兩蔣商品，血統純正的蔣友柏面對先祖之偉人印記難以卸除。「蔣堂」則笑罵沒有包袱，典型不必夙昔，對於兩岸近代史與政治人物，可以任意 Kuso。

於是讓老蔣賣檳榔，讓小蔣去衝浪，讓毛澤東與兩蔣搭肩哥倆好……，阿洲的設計功力加上他以台灣囝仔背景的詮釋角度，成就了趣味造型佐以會心文案，無論公仔、T 恤還是明信片，都讓年輕人與陸客愛不釋手，加上網路鼠碑效應，業績開始飆漲。

創作商品化，不見得是媚俗，而是讓創作理念加入更多消費者洞察，而且透過老嫗能解的文字語言，與消費者情感掛勾。在引起市場共鳴的前提下，再前衛、再脫軌的設計，都可能贏得掌聲，名利兼顧。

五、賣商品還是賣知識？

商品只是載體，消費者眞正想要的，是附著於商品上的價值。因此，賣商品之餘還得賣知識，甚至於知識還能凌駕於商品，變成品牌獲利來源。

多年前在飛雁課堂上，有個學員叫張雅媛，本是職業婦女想換跑道創業。她尋思：女人一生有近四十年的時間與月經爲伍，只要是女性，很少不爲每個月的生理期所苦。於是，她以身爲女人的「痛處」出發，選定女性生理期領域切入市場。

Part 1：四物湯宅配

張雅媛提出的第一版創業計畫書，主要是要做四物湯宅配，配合生理期提醒服務，讓客戶可以按時喝到方便即飲的生理期補品。初次聽到這個創業點子的人，大多嘖嘖讚賞認爲有創意。但當時，我卻潑了她一盆冷水。不是點子不好，而是人不對。如果她是醫師、護理師或是營養師的背景，當然沒有問題，但是企畫幕僚來從事具有醫藥性質的商品交易，就顯得不夠「經濟正確」，而且在特別講究信任感的網路世界，可能難有說服力。

但「生理期提醒服務」的確是個好主意，許多職業婦女眞的會忙到忘記這個日子，尤其它以二十八天爲週期，沒有細心紀錄，就容易因疏於準備而出糗。我們建議她何不先以生理期知識與服務之提供搶佔市場？在網站上，即使沒有商品，知識也可以上架。

Part 2：月經秘書～生理期提醒

於是網路上第一個提供「生理期服務」的 B2C 網站「MeCare 女人假期」〈後因商標問題，改爲「MissCare 女人假期」〉誕生了。到處蒐集相關知識再消化整理，並提出貼心的服務方案，正是張雅媛的拿手絕活。在她超乎常人地努力不懈之下，很快將網站經營得有聲有色，會員人數也直線上升。創業第一年即入選 e 天下雜誌舉辦之「e 頭家～中小企業最佳 e 化案例」，第二年更以小蝦米之姿入圍經濟部商業司「e－21 金網獎」競賽，開創微型企業以資本額不到十萬元而晉級決賽的記錄。

榮耀的背後其實她也歷經沮喪掙扎，尤其剛開始沒有商品，服務又是免費，前幾個月完全沒有收入，屢遭親友質疑，但我始終看好她。三個月後，生理期用品廠商紛紛慕名上門請她經銷商品甚至願意登廣告，她開始有了營收。但接著問題來了。經銷商品的利潤微薄，加上因臉皮薄拙於銷售，如果不是靠大量團購支撐，營收十分有限。此時我鼓勵她，何不主客易位，把「生理期提醒」當成主要商品，而生理期商品當成次要產品，甚至是付費會員的贈品？雖然東方人較不習慣付費購買無形的服務，但只要服務打中顧客需求，加上配套方案吸引人，why not？

Part 3：生理期資料庫

起先她擔心一旦收費會嚇跑顧客，幾經琢磨之下，我們都認爲只要提高服務規格與擴大影響層面，用知識與服務來獲利絕對可行。「MCdatabase 女人假期月經資料庫」這個概念誕生了，除了繼續提供 B2C 服務，還可進行異業合作的拓展，例如：與手機系統業者合作簡訊提醒加值服務、與醫療器材商合作電子體溫計（測量排卵期），甚至與婦產科醫師合作提供患者生理期歷史等等，這個計畫後來還拿到政府經費補助。

網站與電子報多年有成，後來被一家行銷女性養生商品爲主的大公司相中併購，辛苦耕耘也獲得可觀回報。

像張雅媛一樣，將商品結合知識廣結善緣的例子還有很多，例如「香草滿屋」的蔡怡貞藉由對各式香草的研究開發，變成香草專家；專攻眉眼彩妝的「愛媚」李麗娟不只成了受歡迎的愛媚老師，也將多年研究設計的眉型集結出書，成了開運眼妝達人；行銷居家織品「緹詩家居」起家的 Judy 轉型成居家生活美學達人，寫專欄、部落格、發行電子報，也接案爲客戶進行居家織品布置。

每個領域都有發展成知識商品的潛力。例如幾年前，汐止夜市「剉冰女王」邱珉靠著獨家研發的沙瓏冰與燒仙草，加上創意行銷手法，夜市小攤可創千萬營業額，以致登門拜師學藝者不絕於途。於是她自行研發剉冰教學課程，搭配網站行銷，開始當起老師，一堂課的價錢可抵四百碗剉冰，全盛時期還有人從國外特地來拜師。

而從科技業轉戰抓漏事業的楊明湖、韓悅玲夫妻檔，把科技專長與宗教情懷帶進這個過去被視爲純粹賣技術與體力的行業，名稱從「抓漏達人」改爲「居有方」，重新定位自己爲「屋宅診療專家」，並以「視宅如家，無漏不抓」爲使命，從技術服務提升爲知識服務，再進一步提升到感動服務。緊扣新的品牌定位，未來「居有方」還將推出一系列改善居住品質的產品與服務，如居家香氛(Home Spa)系列。

不管是先有商品再發展成獨門專業知識，還是先以專業知識叩關再引進相關商品。在一個領域站穩腳跟，找出與眾不同的定位，並且不斷研發創新，整理成一套獨家Know-how，便有機會創造出意想不到的品牌價值。

六、三招找出藍海定位

許多企業嚮往藍海策略一書所說的「開創無人競爭的新市場」，然何謂「新」市場呢？有可能是舊行業經營手法的更新或新技術的引進；有可能是多種行業的結盟組合與再生；亦有可能是全然的創意釋放與運用。只要經得起時間與環境的考驗，一種新理念、一套新手法、一組新策略、乃至一串革新供應鏈等，都有可能使一家企業開創一方藍海。

但此時前無古人，不代表後無來者。藍海品牌不只要思考如何「無人能敵」，更要綢繆確保「無可取代」，才不至於將辛苦打下的江山，拱手讓給後來居上的追隨者。界定出明確的事業定位，並融入獨家專屬的優勢資源，進而打造旗幟鮮明的品牌是不二法門。

當然，說時簡單做時難。以下是我在協助企業進行品牌定位時，常用的三種招式，簡略概述供讀者參考。

第1招—無中生有

有的是先有商品或服務的雛形，再來調整拿捏事業定位與品牌概念，可能是自己的切身之痛，可能是看到許多人的共通潛在需求，於是發明出一種新商品或新服務，成爲這類問題的最佳解決方案。例如一般人從年輕到老，不知要包出多少紅包袋，但有多少人記錄下每次送出的對象與金額？於是有人發明類似像支票本概念的創意紅包袋，袋口處穿洞可做紀錄並留存，串起來便成了人脈存摺。這是「乎你紅」申請到專利的創業概念。

但也有人是先有概念，再想辦法找到適當的產品扣住主題，對號入座，我把它稱之爲主題式創業。主題式創業好處是無拘無束，海闊天空，但相對得無中生有，難度較高。尤其是在尋覓商品的過程中，既要考慮獨特性又要兼顧毛利率，適合觀察敏銳或生活經驗深刻且點子多的創業者。例如前文提到的「女人假期 MissCare」，以自身痛處出發，成立一個提供「生理期服務」的 B2C 網站正是前無古人的概念。

第2招—只取一瓢

這招我有時也叫它「大餅包小餅」，意思是在激烈的紅海大餅中，切割出一塊較不爲人矚目的小市場，然後圈地爲王。有別於一窩蜂效應，有時人跡罕至之處，反而潛藏更大商機。尤其是競爭激烈的長尾經濟時代，微型創業者更應善用「一瓢飲哲學」，加上網路的「格列佛效應」〈實體世界中若只靠一小撮分眾客戶可能無法生存，但透過網路無遠弗屆的威力，分眾市場得以放大，實體的侏儒企業在網路世界有機會翻身成巨人。〉

例如強調眉眼彩妝的愛媚美學網，創辦人李麗娟年輕時眉疏眼小因而發憤學化妝。五十歲想透過彩妝專業創業，雖說女人錢好賺，但彩粧保養品市場實在競爭激烈，國際品牌已夠眼花撩亂，本土自創品牌也如雨後春筍，以微型企業之姿想要佔領市場一席之地，談何容易？儘管李麗娟同時擁有美容專業技術、美容教學與銷售的豐碩實戰經驗，但在彩粧達人、美容教主充斥媒體的情勢下，除非投注強勢行銷資源，否則專業很難被看見。

女人愛美，最重視的莫過於臉蛋。當同行忙著爲消費者整張臉塗脂抹粉，「愛媚」卻拋出另一種可能：一張臉還可以怎麼切割？如果醫生可以細分成眼科、牙科、皮膚科……，美容專家爲何不能？是不是有一群苦於眉稀眼小卻渴望成爲電眼美人的女性，正在等待美麗救贖？以一個過來人現身說法加上專家的姿態，李麗娟很容易就吸引到她們的注意。

表面上，愛媚的市場看似範圍縮小了〈從整張臉縮到眉眼之間〉，但實際上，她能吸引到的潛在客群卻更多，而這種美麗的弔詭其實適用於許多行業。例如營養師賣保健食品，嚐到競爭激烈的苦頭後，改而結合自己最喜歡的運動，專推運動保健食品，並以陽光男孩形象當自己「動力丸子」的品牌代言人。還有很多例子，都足以驗證，縮小有時是爲了放大。

第3招—版圖重劃

你泥中有我，我泥中有你。也就是把原本各自風馬牛不相干的領域，各取一塊之後，重新開闢一個全新市場區隔。我把這招也稱爲「華盛頓特區定位法」。多年前我在美國華盛頓D.C.求學，華盛頓D.C.其實是由維吉尼亞州與馬里蘭州各畫出一塊領土所形成的特區〈D.C.便是哥倫比亞特區的縮寫〉，它不只是一個城市而已，地位等同於一個州。許多人白天在這裡工作、上學，但卻居住在維州或馬州。例如我自己，談起求學地點必稱華盛頓 D.C.，但駕照與 ID 卻是維吉尼亞州發的。

例如曾有一家從事芳療產品的公司「璀璨花園」想找到獨特利基。其實芳療市場競爭非常激烈，尤其是精油相關產品，在網路上幾乎處處可見，而且繼續有人想加入戰局，如果找不到足以加值的其他特點，通常我會勸其三思。

「璀璨花園」是以純露爲主力，純露雖然不是主流芳療產品，但幾乎賣精油的業者都有這項產品，要何以勝出？我注意到這家公司的產品中，有一款純露漱口水，不但其他業者沒有，而且也是他們的熱銷商品。一個名詞頓時閃過腦海，那就來推廣「口腔芳療」吧！

口腔保健與芳香療法市場就如馬里蘭與維吉尼亞，「口腔芳療」便是華盛頓特區，既不隸屬於馬里蘭，也不歸維吉尼亞管。但是它可以吸引兩邊的部分人口到此匯集，例如重視口腔衛生卻害怕藥水味的消費者，或是喜歡芳療因此願意從嗅覺、觸覺延伸到味覺感官體驗的消費者。而後者一旦被吸引而來，其他與口腔無關的芳療產品也有了待價而沽的機會。

或者也可以叫它「白馬非馬定位法」。「口腔芳療」不等於「芳療」，市場打擊面更集中，也避開更激烈的戰場。但未來市場版圖有多大，就要看品牌定位的論述能力以及經營者的續航力了。

以上三種招式，大家各自體會不同。只要不拘泥於現狀，勇於打破框框，創業家便有機會成爲新領域的定義者、開拓者。

七、要無双，不要又又

有位政壇退休的耆老，想要打造文創鳳梨酥品牌，輾轉經人介紹找到我。「我有兩大王牌，一是土鳳梨產地來源，二是實力不輸吳寶春的烘焙師傅。」就生意角度來看，這樣好像夠了。但要做出品牌，光靠「又」一個土鳳梨酥，「又」一個吳寶春，恐怕還有距離。

記得多年前有個歌手聲音空靈清亢，簡直跟天后王菲無分軒輊，也被冠上「小王菲」的封號。但她沒多久就消失了，甚至名字都沒人記得。她的唱工無話可說，能比得過的也沒幾人，但歌壇其實只需要一個王菲。這就是爲什麼許多歌唱選秀節目的評審，一再強調參賽者的聲音辨識度高不高。除了唱得好，音質、唱腔、咬字、聲線、力道……，如何讓人一聽就知道這是誰的聲音，更是成爲賣座歌手的必要條件。

「辨識度」的重要性並不止於唱片市場。我認識一個很有才氣的畫家，素描、水墨、水彩、油畫、人物、風景……無一不精通，依稀見到畢卡索、莫內、張大千、劉其偉…的痕跡，厲害的是把兩幅作品擺在一起，很難想像出自同一手筆，但問題也出在這裡。多元畫風多線發展，少了專屬獨家筆觸，離成名總是一步之遙。

同樣狀況也發生在琉璃、陶藝、飾品、手工皂、保養品、高山茶、鳳梨酥、牛軋糖……，如果把品牌 Logo 遮住，很多商品根本無從分辨系出何門？

在供過於求，競爭激烈的市場，一些沒有特色的大眾臉商品，即使工法講究、手藝出色、成分優良、製程嚴謹，終究難逃被淘汰的命運。這幾年常參加產業輔導行銷專案評選活動，不時就會出現似曾相識的品牌，不但商品包裝像同一個模子出來的，連文案說詞都如出一轍。其中不乏材質用心，包裝講究的業者，單獨觀之還頗具賣相，而一旦與眾家豪傑同台競秀，只因缺乏突出個性，立刻就會被比下去。

琉璃就該做成招來吉祥平安的藝品？手工皂必得強調天然就是健康？茶葉一定要打上極品字樣，強調清新回甘？鳳梨酥用土鳳梨作內餡就代表在地好滋味了？請出醫學博士當招牌加上十字圖騰，就是國際級醫美保養品？

大眾臉商品固然是產業一窩風效應下的結果，缺乏爲商品塑造、傳達獨家賣點或獨特靈魂的能力，恐怕是文創產業與一般產業的共通問題。從商品緣起、產地、設計、造型、色彩、材質、工法、用途……，甚至商品命名方式、文案語氣，都是創造品牌辨識度的切入角度，有的具象，有的抽象。具象上從色彩、工法可以立刻分辨，抽象部分則是圖案意境與生活哲學，仔細玩味也能揣摩其無可取代之風格。

例如女性保養品是標準紅海市場，一位不動產超級女性業務員轉行投入，以來自日本的金箔保養品爲號召，成立了「村上正彥」品牌。從原料、研發到技術都有異於常人的挑剔投入，但起初她也苦於淹沒在一堆長相類似的商品中。後來瞭解了她當年曾避居日本的一段煙塵往事，慢慢勾起她潛藏於內心的日式潛靜美學，互動切磨中文創質感漸生。二〇一三年新春收到新產品金箔手工皂，一眼驚豔。從提袋、包裝盒、皂身、皂盒到附卡文案，不見一絲商業俗氣，屬於「村上正彥」特有的靜謐視覺與文氣，立刻不同於一般市售保養品牌。

在看似相同中被一眼認出，需要功力。例如單親媽媽創立的「中國藍」，在一堆藍染服飾中，我一眼即可分辨「那是中國藍家的東西。」從圖案、剪裁、打版都透露出許多端倪，那是創辦人魏籖懿獨特的巧思。

再如市面上鈦金飾品多以健康爲訴求，「DESIGNBURG 城兆緯」卻主打中性飾品品牌，以鈦金屬打造的飾品線條俐落，造型簡約，卻能在細微處創造驚異，組合還能千變萬化，因而同時吸引了男性與女性客群。其金屬切割與刀工之精密，成了品牌獨樹一幟的資產。

商品或品牌的個性不難找出，難的是經營者或創作者能否知所取捨。大多數經營者在意的是：別人有的，我一定要有；卻忽略了，別人沒有的，才是品牌成功的關鍵。

天下無双的意思，不一定是做到全世界最厲害。品牌被認同、被流傳之前，得先被看見、被辨識——「啊，那不是某某家的東西嗎？」姑不論多少人叫得出來，讓人知道你和別人不一樣，就是無双。

第二部

無可取代——品牌塑造

一、名實相符，形神俱足的品牌命名

設計展、禮品展、名品展……，大大小小的商展與博覽會逛一圈下來，各廠商攤位招牌上的名字你能記住幾個？

在品牌林立的年代，一個好的品牌名字有如企業的萬用通行證，得以在市場上暢行無阻。這個道理大家都懂，但是何謂好名字？有人篤信筆劃風水，有人在意響亮好記，有人主張揚名立萬，也有人藉以宣示個性……，這幾年來幫企業品牌命名，深深體會其中學問眞的不小。

國內談到品牌行銷，多以歐美日爲典範，品牌命名也多以國外案例或國內知名大廠爲規臬。不過國內以中小企業爲大宗，每年行銷預算不到百萬的企業十有八九，這樣的預算根本無法在大眾傳媒大肆廣告，外商或國內大品牌動輒千萬甚至上億廣告經費所堆疊出的品牌操作思維，其實不適合台灣廠商照單全收，尤其是根本擠不出行銷預算的文創品牌。

兼具畫面感與聲音感

例如，取一個很大眾化缺乏個性的名字〈大眾、大同、統一、××工坊……〉，只有英文而沒有中文名字，或是取一個怪異而拗口的名字。不同於大品牌可以藉由密集廣告轟炸洗腦，強迫消費者記住，中小品牌多靠網路傳播與口耳相傳，因此特別著重如何一眼就能讓人印象深刻，過些時候還能唸得出來。例如很多時尚或文創品牌只有英文名稱，以此表達國際感與優雅形象。但除非簡單到人人會唸或是字母簡稱，否則還是建議要有中文名稱，免得英文非母語的消費者怕唸錯沒面子，因而不敢開口言傳。中文名字太艱深拗口也是同樣問題，讓人不敢唸或唸不出來，不僅喪失品牌被口碑傳播的機會，而且會因爲觀者無法形成聽覺記憶，進而減弱印象深度，我稱之爲「啞巴CI」。

一家老字號鋁櫃廠商鑫鈜鋁業發展新品牌，年輕第二代〈女兒〉積極開發色彩繽紛的新產品，企圖爲傳統鋁櫃注入創新設計。品牌輔導過程中挖掘出她於輕巧鋁櫃間探險遊樂的兒時記憶，因而爲其新創品牌找到定位並命名爲「FunCube方塊躲貓」。初始，廠商還擔心新名稱過於新潮，幾個月後，他們告訴我新名字的好處以及一些來自客戶與供應商的趣事。

「有次打電話給一家來往十幾年的供應商叫貨，報上鑫鈜的名字對方一片茫然，解釋半天後，對方恍然說道：你就說你們是方塊躲貓不就得了！」原來對方寫著鑫鈜〈發音如「心力」〉這個名字開了十幾年發票，只留下視覺記憶，沒有聲音印象，而新名字他們才接觸兩個月，就牢牢記住了。

好的品牌命名，在闡釋品牌價值之餘，還要響亮好記、容易發音、容易聯想、容易流傳，因此文字本身最好要有畫面感與聲音感，搭配Logo圖文並茂。久而久之，便能傳遞遠颺，如雷貫耳。

中南三地，功力各有高下，收費各有高低，而市場評價更個異其趣。但他們都叫「抓漏達人」！這事每天都在發生，但我們卻無力可挽。此境對我們這種兢兢業業愛惜羽毛的從業人來説，卻眞個欲哭無淚的傷感。

當然我們可以頃全力去消毒，去昭告天下，彼「抓漏達人」實非此「抓漏達人」，並到處去廣宣「我才是眞正、正宗、老牌抓漏達人……」，「眞正的抓漏達人的價值服務應該是……」但這樣的經營資源配置卻盡是虛耗空轉。甚麼樣的成就，甚麼樣的標準，才堪稱「抓漏達人」？這詞的代表性已被喧嘩取寵的市場所掩蓋，被四方投機的業者所稀釋了。我們的品牌，我們的心血結晶，我們的努力維繫，卻無法有個一致的價值與代表性，豈不痛哉！

在延展性的無奈限制方面，

「抓漏達人」這名字好記，卻太過具象，能夠給人的價值服務聯想極其有限。且該詞的語意偏重工法技巧的專擅，對於更上一層細緻服務的價值傳達卻多有不足。我們認爲，要闖出這個紅海市場，得到肯定並獲得敬重，策略上就得要從更高的視角，去重新定義抓漏這個行業的新價值，與客户應有的新期待。而給個有意義的新名字，絕對是最快最有效益的方式。若各位的企圖確實如斯，我們用「抓漏達人」做品牌名稱去運作，是眞有難度的。「抓漏達人」，不僅要對抗消費者的既定印象，還要攻防同業間的恣意濫用。加上這個具象的緊箍咒，把我們可以有的，想要做的，夢想與價值都緊圈了起來。眞可惜了！

若鷹之自啄換羽以求再次的振翅翱翔，過程痛楚，卻絕對值得。

若能在保留一定的行業印象下，打開更高的視野，傳遞更具值感的論述，引入更有價值的服務，誘昇客户對我們的評價，創造更多有價值的客户而且讓我們可以徹底擺脱同業紅海式的爭搏糾纏！

新名字是可以期待的。

以上，與妳及 楊總經理參考。

顧 喜樂

Ron

不過也有經營者二話不說，說改就改。例如兩個陽光女生販賣檜木精緻小物，想要傳遞台灣檜木樂活精神與手作質感，但品牌名稱卻叫「御品木」，偏皇家或日本風，與該品牌想要傳達的訊息不一致。經諮商討論後，兩人決定更名。中文名稱改爲「檜樂」，以凸顯品牌主要服務核心特色，而英文名稱則用「Quite Luck」，帶出諧音趣味及快樂意涵。更名後，粉絲愈來愈多，也成立了自己的旗艦店。

喜歡唱三毛寫的橄欖樹，重慶「三億齋」創辦人楊青曾是叛逆的流浪文青，她想把中國的千年工藝——夏布變成穿梭古老與現代的文化時尚，「感懶樹」之品牌新名稱，不做他想。

兩個經常與伺服器爲伍的 IT 工程師合夥創業，將科技界講究嚴謹材質與精準製程的精神用於即溶飲品研發。兩人個性喜歡說笑玩鬧，原有的品牌名稱卻一板一眼，且落入一般咖啡飲品窠臼。主要創辦人打字常出現同音不同字之火星文，於是建議他們改名「伺服憩」，一款說出上班族心聲，可服貼伺候讓你身心安穩休憩的飲品，英文就叫 CupServer。

另外，設計頑童的家具品牌「四一國際」變成「四一玩作」，表達玩中作、作中玩的設計理念；傳產味道濃厚的「鑫鈜鋁業」旗下新造型鋁櫃商品，用「方塊躲貓」新名展現童趣路線的文創臉譜；北投菜市場一賣四十幾年的老攤子「大來鹹水雞」變身「北投齊雞」，成爲繼溫泉之後，另一項北投在地名產……

幾下分享幾個品牌命名的技巧與注意事項：

1.展現商品特性—容易會心並與其商品或服務產生聯想。如農場背包〈打工換宿自助旅行〉、Eyemay 愛媚〈眉眼彩妝〉、檜樂〈檜木手作小物〉、MissCare 女人假期〈女性 MC 生理期保健〉、金剛魔組〈鋁合金益智金屬積木〉

2.符合品牌個性—一語道出品牌調性，有如是精簡的品牌宣言。如：四一玩作、陶籬人間、京枝玉葉、居有方、許許兒

3.特別且有畫面—有畫面便能加深印象，如：感懶樹、方塊躲貓、招弟、左手香

4.借力常用語彙—常用詞彙加以轉用，一語雙關或同音異字。如双人徐〈徐家兩兄弟賣

炸醬麵〉、花木蘭〈雙胞胎姊妹幫父親叔伯 OEM 鞋廠自創品牌〉、帕襪洛帝〈喜歡聲樂的女生賣手帕襪子〉

5. 有強烈辨識性—擺脫似曾相識，難以區別的窘境。大來鹹水雞 Vs. 北投齊雞、凱薩琳婚紗 Vs. I Do 愛度

6. 好記容易上口—避免拗口，以便容易被口碑相傳。

7. 減少商業氣質—拉近距離增加親和力

8. 最好中英都有—英文可提高質感與國際化，但非所有人都能朗朗上口

而為了增色品牌人文氣質，有時可向古人借取命名的靈感。「……伐木許許，釃酒有藇。既有肥羜，以速諸父……」有機棉服飾「許許兒」的名稱靈感來自詩經小雅篇，「許許」指的是伐木時眾人共力之聲，紡織業與服飾製作的整個流程，正是需要好多高手的投入。

站在古人的肩膀上

陝北一帶早年有一種習俗，鄉民在農閒時會離開家鄉往外地各處去遊蕩玩耍，當中有些人會在背上揹著一把勺子兩把刀，隨走到哪兒，便以烹廚手藝來為人「辦桌」，順便給自己混上一頓旅途上的溫飽。這種人被稱為「勺勺客」，而陝西菜館「勺勺客」的命名即源於此。

借用歷史文化典故或名人軼事來命名，是品牌文創化較為省力的方式。但要用得令人拍

案擊掌，還是有一些講究。下焉者直接以著名古人直白命名，如華陀〈醫藥養生類〉、西施〈美粧保養〉之類……，雖然直接淺顯，但缺乏想像空間。除非能爲品牌專業加分，也有專屬辨識性，如李時珍本草屋，否則欠缺精彩。尤其是強調意境的產品，乞靈於古人時最好多點餘韻。

最近在成都一個大型博覽會看到兩個酒的品牌，都拿善飲的詩人做文章，但高下立見。一個品牌來自四川眉山，標榜是大詩人蘇東坡的故里，酒的名字就叫「蘇東坡」。另一個酒牌則名曰「天子呼」，明顯典出杜甫的詩：「李白一斗詩百篇，長安市上酒家眠，天子呼來不上船，自稱臣是酒中仙」。雖不言李白，但狂傲才子醉後灑脫不羈的性格卻被巧妙移植成品牌精神，活靈活現。反觀「蘇東坡」，瓶中也許是佳釀，名字則淡如白水。或者可從蘇軾「臨江仙」一詞取材：「夜飲東坡醒復醉，歸來彷彿三更。……長恨此身非我有，何時忘卻營營。夜闌風靜縠紋平，小舟從此逝，江海寄餘生。」何不取名「三更歸」，以表詩人縱飲的豪興與烏台詩獄劫後餘生的超脫曠達？

說穿了，向古人草船借箭只是手法，表達品牌性格才是根本。不管是「孔子笑」、「老子曰」還是「莊子夢」，總要有一番產品想傳達的境界哲理，以吸引心有戚戚焉的消費者。而且名稱若能吻合品牌自身特質，便更加傳神貼切，例如「許許兒」不止集結設計、紡織、打版、裁縫……眾人之力，也是創辦人父女的家族姓氏；「勺勺客」創辦人本身就曾遊走陝北習學廚藝，餐廳落腳台北，也把陝北的普通詞彙帶到台北，變成了專屬關鍵字。

站在古人的肩膀上，不一定讓自己更高。唯有品牌自身具備一定的文化底蘊，才能藉歷史的厚度與動人的典故，來墊高品牌的形象質感。

我的座右銘是「Name It, Mean It !」，即「爲品牌命名，賦予它意涵」；而另一個解釋是「只要說出來，就要做得到」。好名字只是好彩頭，持續深耕名字背後所代表與承諾的內涵，做到形神俱足，才不枉負品牌名聲。

二、老闆必上的作文課——品牌文字力

「只有二十秒，請用一段話說出你的產品精髓。」在講課或輔導時，我常以這句話突襲考驗企業主。如果產品或服務擁有獨特性，通常一段話甚至一句話就可以交代清楚品牌定位。可惜表現精彩的企業主並不多，不是講得太平凡，就是滔滔不絕超過時間。

既不好流於老王賣瓜，也不宜太溫良恭讓，講出這段話的確是費周章。這段話放大加入情節與插曲便成了品牌故事，濃縮提煉後又可化爲品牌Slogan，而每個商品、服務甚至獨家技術的命名與介紹文案，也都要與這一段話相互呼應。以上這些總和，便是一套完整的品牌論述，建立在明確的品牌定位基礎上。

一以貫之，說寫相映的品牌論述

廣義的品牌論述，包括品牌命名、商品命名、專屬關鍵字、品牌slogan、商品與活動文案、品牌簡介與品牌故事，字數依序由少到多〈如左圖〉。

品牌論述既是文字也是口白，企業從上到下、員工到經銷商都應該朗朗上口，在每一個可能接觸到顧客或潛在顧客的關鍵時刻，發揮臨門一腳的效益。它們可能出現在企業招牌、看板、名片、品牌卡、商品卡、包裝盒袋、DM、海報、新聞稿、廣告稿、客戶問候信、網站、電子報、臉書、品牌微電影、APP標題、公司電話問候語音，以及企業代表人或發言人的談話中。那是一種企業專屬的說話腔調，其間有論理、有說情；有指物，有敘事，而且得

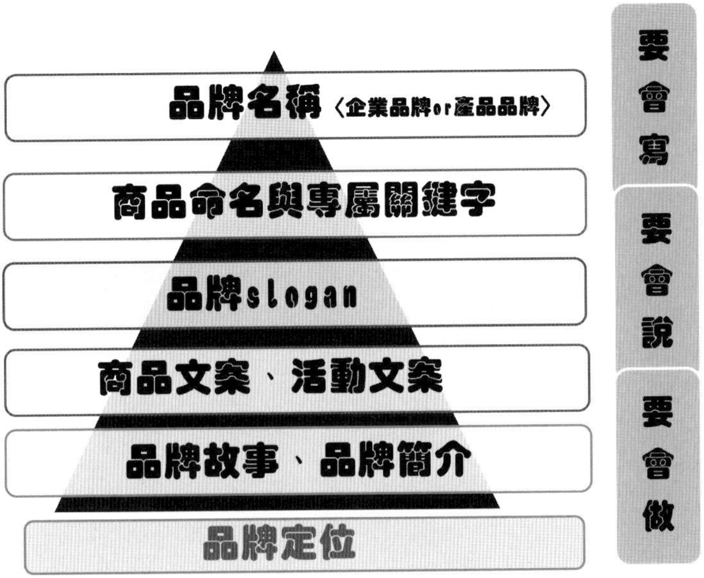

時時從消費者角度抒發。更重要的，是要說到做到，言行一致。

沒錯，文字就是商品的靈魂。不管是品牌故事、商品文案、促銷說詞，在在需要文字鋪陳，如果企業沒有聘請廣告公司的預算，就得自己學習如何幫品牌或商品作文章。就算有廣告公司捉刀，企業仍有必要培養文字力，才能隨時隨地用精準的語言與顧客溝通。然而在商品氾濫，廣告轟炸的年代，老王賣瓜式的商業文案已經難以吸引消費者的目光。一種新興的文體出現，我稱之爲商業文學。

做爲一個企業經營者，如果沒有清楚的數字觀念，鐵定要吃很多苦頭，獲利恐怕不容易。不過在網路年代，經營者除了數學課，還得多上一門作文課。這是塑造品牌靈魂的重要關鍵。

如詩般的律動、像散文般的精鍊流暢，字字句句承載動人情感與堅定許諾，將消費者帶入一個心嚮往之的情境。每個人心中都有一座秘密桃花源，就看你如何找到曲徑通幽。「商品」是一艘船，「想像」是江流。沒有滔滔之水引領，再精心打造的舟船也到不了消費者心中的桃花源。而一般消費大眾大都缺乏想像，好的文字就成了激發想像的活水源泉，讓人彷彿穿越時空置身心儀樂土。

身爲品牌顧問，很多時間其實就在跟經營者咬文嚼字。很多人原本對自己的文采沒有信心，但經驗告訴我，每個人心裡都住著一個文藝青年，沈睡的靈感只待被最純眞的熱情召喚。當一個品牌經營者對自己的商品或服務滿懷熱忱，只要學習一些簡單的撰文技巧，加上不斷練習，就能妙筆生花。也許諄諄提醒商品的獨特妙用，也許信手爲文訴說自己的感動……，就可能讓原本冷清的網站多了人氣，多了訂單。

尤其品牌得時時推陳出新，不時會有新商品問世，調性一致或有規律可循的商品命名與文案，是品牌必須面對的功課。

把商品命名掛在心上

一位久違的學員登門拜訪，帶給我一個禮物，那是她自己設計的一條珠寶眼鏡鍊。「一年前我看到你戴一條普通的眼鏡鍊，就決定要做一條送給你，當時我告訴你會給你一個驚喜，這件事我一直沒忘記。今天我來履行這個承諾了。」她面帶甜美笑容說道。

幾年前她放棄外商公司優渥薪資，前往英國倫敦倫敦藝術大學的時尚學院（London College of Fashion）學習時尚配件設計，同時也曾在著名的聖馬丁學院學習珠寶設計與製作。作品融合東西方風格，細緻華麗，命名爲 SheShines。

爲了走出自己的風格，她試著把金工與陶藝、玻璃甚至原木重新組合，變成瑰麗雍容的仿古花瓶、水晶水果盤、梳妝鏡……等，不但讓家飾品有了新生命，也成了另一種工藝創作作品。這樣的巧思讓 SheShines 走出了新路線，獲得高級精品通路的賞識，也屢屢獲得藝廊邀展與各式合作邀約。因應這個發展，我建議她另取中文品牌名稱—「璽賞」，既是英文品牌諧音，也更能反映新系列產品的貴氣風格。

隨著新產品拓展出新商機，SheShines 的飾品也開始有造型師採用，許多知名藝人也在節目或雜誌中配戴 SheShines 的飾品，口碑相傳，讓 SheShines 擺脫低價飾品惡性競爭的陰影。現在的 SheShines 璽賞專精於各式金工設計和製作，從男女的個人飾品到 Art Decor 等精緻禮品，每樣產品都是設計師精心設計，手工鍛造，She Shines 大部份產品都是限量製作，甚至獨一無二！除了個人的配飾外，也爲公司設計製作獨特的禮贈品。

我們把話題拉回她送我的眼鏡鍊。它跟一般的老花眼鏡鍊大不相同，整體看起來就是一條銀色項鍊，墜子則是一顆中間挖空一個小圓洞的心型，上面還鑲嵌一顆紫色小寶石。秘訣就在那個圓洞，原來老花眼鏡或太陽眼鏡摘下時，把鏡腳插進圓洞，眼鏡就帥帥地掛在胸前了，方便又有型。「這個商品你幫它取甚麼名字？」我問她。「時尚眼鏡掛鍊」她靦腆回答。

我早已忘記她當時的承諾，她卻把這件事掛在心上一年了。這樣的心思觸動了我，當下不禁脫口：「何不命名為『掛在心上』？」只見她兩眼睜大，彷彿當頭棒喝。是啊，除了自己用，送給母親，送給情人都是很「貼心」的禮物。當眼鏡掛在那顆心時，就彷彿把想「看見對方」的心情掛在心上。

對許多設計者來說，不管是有意識或下意識，作品其實是內心情感的投射，而此種投射不難找到知音共賞。透過意有所指的商品命名與文案，就能將消費者帶入他所嚮往的時空。賣場景、賣情境，而不是賣產品啊！

而講究商品命名的，何止是設計型商品。幾字之差，價值可能天差地別。

為商品命名技巧分享如下：

● **產生畫面與遐想**—橘色洋裝 Vs. 巴黎甜心—秋橙橘小禮服、時尚眼鏡掛鍊 Vs. 掛在心上、伯爵紅茶 Vs. 搖滾伯爵、漢韻家居服 Vs. 東籬採菊、宣紙蔗香扣肉 Vs. 墨客醉愛—蔗香扣肉

● **點出功能與價值**—飛來扇〈飛盤兼扇子〉、懶人麵〈快食冷凍刀削麵〉、帥浮錶〈水上救生錶〉、漢菓子〈改良式傳統糕餅〉、十月春女兒霜〈天然女性賀爾蒙山藥霜〉

- **注意詞彙的質感**—大型羊毛圍巾 Vs. 手工彩繪羊毛披肩、涼糕 Vs. 水晶糕
- **一語雙關**—飽纖魔〈抑制食慾的減重食品〉、看透吧台椅〈透明壓克力吧台椅〉、蜂芝戀〈牛樟芝蜂蜜醋〉
- **呼應品牌精神**—萊喫餅〈招弟—台灣懷舊餅乾〉、大器人〈DESIGNBURG 城兆緯—金屬原件時尚造型機器人，簡約大器〉
- **展現專屬性**〈擺脫一般同業用語，現出辨識度、創造專屬關鍵字〉—鹽水雞 Vs. 果凍雞、造型鋁櫃 Vs. 躲貓櫃、高接梨 Vs. 龍涎梨
- **系列式命名**〈適合品項眾多時，多以功能或風格類似來歸類命名〉—如 LSY 林三益彩妝刷具爲呼應百年筆店風華，爲原本以型號命名的產品類別，注入古典元素：五系列：月下托腮、七系列：百媚回眸、九系列：金枝舞風、心型刷：醉顏捧心、花型刷：名花傾國、套刷系列：美人捲簾。

右腦風格商品文案

在網路傳播無遠弗屆的年代，文字魅力是品牌塑造與溝通的利器。市面上的商品不乏設計精巧，包裝華美者，但仔細閱讀說明或文案，則多在用途、功效、尺寸、顏色、材質、成分、工法、製程與功能上打轉，顯得無趣，即使是裝載著豐厚意涵的文創商品也不例外。因

爲商品的研發或創作者不一定工於書寫，也請不起廣告公司，只能就事論事，以「直白」方式爲嘔心瀝血的作品發聲，於是空有美麗軀殼，卻少了勾動人心的魂魄。

直白型的文案我稱之爲「左腦文案」，多是理性訴求；而若是情感訴求爲主的產品，則多要借重情境描繪，也就是「右腦文案」。以下以重慶「感懶樹」的夏布文案爲例，呈現兩者之差異。

【原有左腦文案】

夏布介紹

夏布是以中國特有的紡織農作物苧麻爲原料生產的紡織品，其纖維長度爲棉花的六至十倍，中間有溝狀空腔，管壁多孔隙，透氣性比棉纖維高出三倍，吸水快、易散熱，著衣上身十分涼爽舒適，夏天穿著居多，且爲華夏大地特產，故稱夏布。

夏布具有天然藥物功效，苧麻纖維含有叮嚀、嘧啶、嘌呤等元素，對金黃色葡萄球菌、綠膿桿菌、大腸桿菌等都有不同程度的抑制效果，具有防腐、防菌、防黴等功能。適宜紡織各類衛生保健用品，被公認爲「天然纖維之王」。

夏布從收割到紡織成布，歷經二十多道工序，流程十分複雜而考究，這種手工紡織工藝具有四千多年的歷史，二〇〇八年被評爲國家非物質文化遺產，成爲紡織行業的活化石，堪稱中國國寶。

【新增右腦文案】

關於夏布

光陰川流經緯織線　透晰千年
林間一抹夏日微風　摩娑蜿蜒
苧麻編成的美麗傳說，
抵抗蟲腐菌生，招來涼爽淨透
讓古老與時尚來回穿梭，生活

如何擺脫老掉牙窠臼與通用詞彙，右腦文案的寫作也有技巧可循：

■ **善用人性八字訣**—貪、難、懶、怕、鬆、美、愛、騷

八字訣再度派上用場，字字句句敲進心坎，說出人們內心底層的欲求。八字訣於每個人的感應深淺或重視比例都不同，因此一段描述中，每個人被打動的燃點可能不一樣。

■ **誘發視覺**、**聽覺**、**嗅覺**、**味覺與觸覺聯想**

透過文字帶領，讓人彷彿可以看到、聽到、聞到、嚐到或觸摸到商品，跟商品距離更靠

近了。

■要有畫面感

不止視覺感官被勾動，有時還要勾勒如詩如畫或可愛歡愉的場景，寫景中寫情、寫意。

■抽象具象化，具象抽象化

例如「狂草入喉有如奔雷飛鴻」以書法狂草形容茶韻靈動有勁，「抱得浮生半日，煩空」以浮生半日來烘托抱枕的軟鬆悠閒。無論是抽象化或具象化，其實都是爲了找出商品背後的概念或情境，並產生與消費者可以深層溝通的語言。商品創意經過具象、抽象的反覆咀嚼淬煉，便有機會昇華成歷久彌新的價值。

■運用比喻、象徵、擬人化

比起用形容詞堆砌，以比喻、象徵或擬人化來描繪商品，更能打動人心。如老婆餅的文案：「不膩不黏，恰到好處的甜，讓人心疼依戀，層層包覆蜜意濃情，輕咬一口，心知肚明」以餅喻人，扣住老婆的意象。

■符合品牌調性、文化、與經營團隊表達風格

文風、口氣與用字遣詞必須符合品牌調性，而且最好呼應經營團隊或企業代表人的風格，例如古典風、新詩風、婆媽風、草根台味、台式文藝、Kuso 風、西洋腔、日式風……等，如此品牌便有了活靈活現的神韻，也更加寫實。而如果能自成一格，擁有獨家特殊文體筆觸，一看就知道是出自哪個品牌，那就更好了。

■注意人稱與敘事觀點

注意是以誰的立場在說話。敘事口吻可盡量從顧客的觀點切入，用消費者的視角來尋幽訪勝，探索商品的價值，避免自吹自擂。

■文字韻律排列與斷句

有時好的文案如詩歌，講究押韻會讓文字更鏗鏘且有節奏感。同時文字在何處斷句、何處換行都有玄機，它可以微妙牽動閱讀者的呼吸心跳，進而拉近彼此的頻率，讓人彷彿掉進一個靈犀秘境。

運鏡抒發品牌故事

如今，企業多半都知道品牌故事很重要，但只是聊備一格，還是膾炙人口？其中有很大區別。一個好的品牌故事，不止能塑造品牌個性、建立辨識機制、吸引顧客認同，還能形成腳本效應，讓員工與經銷商在和顧客溝通時有所本，也讓客戶欣然主動幫你傳揚時〈不管是口頭還是文字〉，有個現成的參考說帖。而當媒體上門採訪，品牌故事更能確保記者下筆時有豐富素材，且不至於偏離品牌主軸。

品牌故事取材來源當然還是以人爲本，經營團隊的夢想抱負、族群關懷、人生價值、生長背景、兒時記憶、人生際遇、興趣專業、產品研發、事業插曲、經營成績或客戶故事等等，都可能是靈感來源。只不過一部二十五史細說從頭，容易變得拉雜無章，何況很多無足輕重的細碎瑣事無須一一交代。

我常說做品牌像拍電影，寫品牌故事也是。首先是素材的取捨，哪些是重要場景，哪些是關鍵伏筆，哪些是內心戲的獨白……，每一個轉折都要扣緊品牌精神。文字不一定要華麗，誠摯坦率就有了溫度。開場氣勢要先聲奪人，起承轉合如電影運鏡，不一定順著時間順序，偶而時空跳接或來個蒙太奇，會更有故事張力。同時一定要有人事時地物等具體描述，用畫面與情節帶出品牌特色與定位，眞實自然且切中人性。

而跟文案一樣，品牌故事的文風、口氣與用字遣詞也必須符合品牌調性，字數則不宜太多。通常我會建議企業準備長版與短版兩個版本的品牌故事，長版約一千五百字上下，可以完整交代品牌來龍去脈及一些精彩細節，適合放在網站以及提供給媒體參考。敘事觀點可用第三人稱或用第一人稱，前者顯得客觀，後者感性較強。

短版品牌故事從五十字到二百字不等，以更具節奏感的感性文句，搭配品牌 Slogan 精鍊濃縮品牌風華。有時或稱品牌簡介，這其實就是最精要的品牌論述，可用在品牌卡、產品包裝、產品 DM、門市牆面、展場立牌……等等，做爲品牌面向世界的迎客松。

二〇一三年二月在重慶遇到一個專賣八百年古樹普洱茶的奇女子，她是「尙柔坊」的融兒。二十歲出頭，外表孤傲內心炙熱，年紀輕輕卻有著蒼老靈魂。開著 BMW 但鍾愛古文，喝普洱喝到成精，長年住在雲南西雙版納深山裡，與少數民族一起吃喝、爬樹採茶，只爲確保能掌握珍貴稀有的雨前古樹單株普洱生茶。那樣的茶，一喝即知非一般等閒，更無須言語。但古樹普洱眞眞假假，未能親嚐時如何領略其不凡？於是短版品牌故事出爐，說茶、說人，也說出許多我輩中人的心聲，讓文化水平不同的人各自體會，有人深，有人淺，但都能從中領略到意味悠長，以及品牌的誠意與文化美感。

揀盡寒枝，非茶不思——八百年單株古樹普洱
花 非花，茶 非茶
至眞，何必喧嘩
但求最高枝，願守寒崖
八百年風霜，只爲等待 與今朝雨露相逢
趕在第一場春雨前，落羽纏捲
同根生的歲月清馥，慢火相煎
當舌尖觸動了眉尖，無須分辨 再無它戀
一次次傾注，一層層洞天
一壺勝卻 無數人間

撰寫品牌故事或商品文案，當然需要好的文筆。不過更重要的，是能否寫出品牌本身的

輕鬆打扮、自由穿搭出獨一無二的美麗。

宛如森林裡的一片片葉子，隨著春夏秋冬變換顏色，

許許兒要把最眞實的自然，悄悄裝進每個女生的衣櫃裡。

品牌介紹：台灣設計生產、具獨特花色織法之有機棉衣飾、圍巾、小物。

三、打造品牌美學臉孔

除了文字力，另一項品牌塑造的重點工程便是美學設計力，而且兩者要連成一氣，文與藝攜手共同雕塑品牌的美學臉孔。

一個設計精良的商品也許來歷悠遠、工法精良，或有特殊的產地文化，就好比身材姣好，氣質又出眾的美女。而別出心裁的商品名稱與文案內容，就如同為其穿戴上剪裁漂亮的時尚裝扮，讓美人身形更顯曼妙；但除了商品本身的設計質感、文化氣質與文字織就的精心裝束，往往還需一筆輕巧妝紅，否則仍有如美人素顏，雖天生麗質，總難第一眼就讓人目不轉睛。

一份個人風格、一些感官設計、一種空間氛圍或一個動人故事，要如何由內到外，在每項細節呈現中扣緊品牌特質，讓消費者透過視聽接收，產生絕妙感官衝擊，進而生發一股感染力量，培養認同情感，正是人文品牌化身第一眼美女的著力處。有深度的包裝，不僅僅是一次別出心裁的漂亮設計、一個為求曝光而大肆炒作的噱頭，而應是座落在美麗身形與華美裝束之上，畫龍點睛的那一抹精緻妝容。

這種第一印象元素其實就是廣義的「品牌包裝」，包括產品樣式、商品包裝、搶眼 CI、情境照片、展場陳列、促銷文宣、代言個性、員工制服……甚至是經營者的穿著打扮。

看似粗獷的牛仔布包上，綻放著三朵嬌美的玫瑰花，在兩片如同展翅的葉子上互相依偎。而立體的打版，精緻的縫線，讓這款又野又柔的布包，透散都會風情，也宣示了「布花心」的品牌性格。

故事的起源，其實來自於一條丈夫穿舊了、準備要丟棄的牛仔褲。原本在福州經營服裝店的林麗平，雖然沒有製作包包的經驗，但對布料有著不易割捨的情感。於是發揮她服裝打版的手藝，讓舊牛仔褲宛如被施了魔法，搖身變爲潮包。「粉牛仔」系列的首件作品誕生了，也是「布花心」的創始包！

雖然手藝有特色，但市面上拼布包琳瑯，如何才能一眼被看見？於是建議每個包包都要有這個三朵玫瑰組成的立體綴飾，形狀一致，只在布材與顏色上做變化，如此布包便具有高度辨識性，等同是商標一般，她自己也每天背著自家包包出門。

再如愛色成癡、人稱「色魔」的奇女子林督，她所創立的「色魔漆坊」，以各式色彩繽紛的特殊仿飾漆作爲主要商品。她每次出現眾人面前，總是一身波西米亞裝扮，身著五顏六色卻搭配得宜的披掛，額綁一條五色手染頭巾，立刻就是個繽紛燦爛的活體招牌！

成功的品牌經營，不單需要美麗的包裝設計，更需透過策略定位與創新思維，以最有效方法去突顯自家品牌的特色、定調與整體訴求，並產生一致性的風格。而品牌美學具有一定專業門檻，不像文字可以透過大量練習即可稍有所成。但很多企業輕忽了專業的力道，自己土法煉鋼，找年輕美工照著自己的想法操刀，雖偶有佳作，多半還是不到位。

想像一個美女，頭上戴著凱特王妃帽、臉上化著頹廢煙燻妝、身上穿著設計師改良式旗袍、足登一雙名牌大紅靴……。這樣的搭配如果由一流造型師操刀，有可能誕生令人驚豔的混搭美學，但如果只是尋常人隨性組合，肯定是一場時尚災難。

用心觀察不難一瞥如此街頭風景。拆開來看，每個部分都閃耀動人，組裝一起，就是覺得不對勁。不只是人的服裝造型，包括建築外觀、室內裝潢、商品陳列、廣告看板、甚至餐具安排。

一家改良式精緻日本料理，以在地食材做成和風料理，菜色道道精美，以西餐方式出菜，歐式餐盤也考究大方。問題是包廂用餐爲中式圓桌，而餐盤或圓或方都以大取勝，廚房出菜速度又快，於是所有用餐者的餐盤被迫擠成一堆，甚至得「碟」羅漢。攝影鏡頭只取景單一菜盤，盤中配色與造型恍若一幅畫，但鏡頭一拉到整個桌面，場景便如同剛被小偷翻箱倒櫃過的畫室。另一家大型特色餐廳則是讓西式餐盤與阿嬤碗碟攜手演出，大大小小形狀不一，而整體視覺風格既有台灣古早味，又透露出時尚意圖。還有一家小店也是古早味著稱，頗見設計品味，但隨便數數，就有三四款風格迥異的CI同時並存。而一家台灣人開的美式速食餐廳，牆上的海報林林總總，中英並茂，其上都各有品牌標語，計有五款之多。

找出美感神聖比例

這些經營者想來都很用心，可能經常到處觀摩取經，看見深獲我心之處，不免興起效尤之念。只不過他們可能沒深入思量：取人片段，還需考慮如何融入自己的整體之中？就如西方繪畫與攝影藝術講究構圖技巧，一幅作品中納入大量色彩、形體甚至材質都不是問題，但必須在一定的秩序內、一種整體的和諧中呈現多樣化。也就是說，多樣之中求統一，統一之中找變化。包括主客體的相對位置、次序、大小、前後、遠近與深淺都是學問。這也說明爲何一些海報或DM設計，明明插畫很漂亮，線條與圖案也不錯，但把所有元素拼湊一起，就是不吸引人？

而美工與美術設計的差異就在這裡！

當然，設計高手的意見也未必是眞理。有些專業設計師才高氣傲，過於主觀，忽略了品牌形諸於外的種種表徵，應該是企業經營理念與意志的延伸。很多時候，企業主因無設計專業，加上對品牌經營之認知不夠完整，或是因當局者迷以致缺乏具體定見，即使心懷疑慮，對於外部專家的意見因無力反駁，當下只能全盤接收。然而時日一久，問題便會一一浮現。

例如一家十足台灣鄉土味的農產加工業者，委託設計師規劃了全套企業形象CI，取了一個連經營者都不會發音的洋名字，產品品牌完全沒有中文，CI與包裝設計則洋溢時尚歐洲風，跟業者風格落差極大。「我自己都唸不出來，怎麼告訴人家我在賣什麼品牌？」

品牌規劃設計師與獨立創作者最大不同，就是後者可以無拘無束海闊天空，前者則是爲人作嫁。爲人作嫁者就得量身訂製，針對新娘身材、個性與喜好打造嫁衣。如果純粹揮灑設計理念或享受馳騁創意的快感，甚至擷取來自書本或國外案例的靈感，而沒有顧及客戶穿上之後是否合身，其實有負所託。

有時設計稿一出來，客戶立刻愛上，其實是因爲之前不知溝通凡幾，早已瞭然其個性、偏好與品牌屬性，才能於關鍵時刻中樂透。但設計作品不爲客戶所喜，不喜歡的理由又講不出所以然，其實是所有接案設計師共通的痛處。我認識好多文創品牌經營者是由接案設計師轉型行銷自己設計的商品，有平面設計師、室內設計師、珠寶設計師、網頁設計師、工業設計師……，大部分是因受不了外行客戶的唐突折磨，乾脆從替人接生改爲自己生，「起碼沒人能叫我一改二改三改，改到面目可憎，不想承認那是自己的作品。」

達文西曾說：「美感完全建立在各部分之間神聖比例的關係上。」這個神聖比例也許是公認的黃金分割，也許是經營者的夢想矩陣或精心實驗後的秘密配方，而找到適合自己的美感神聖比例，是想要建立品牌風格的企業或個人之神聖使命。

這幾年爲客戶打造品牌臉孔時，我總是要先把負責的設計師先拉下水。品牌定位會議時請其旁聽觀察，對他再三耳提面命關於這個品牌的緣起出處及經營者風格喜怒，順便把我或其他顧問對這個品牌的想像，用言語或文字勾勒幾個粗筆畫面，然後讓他去開展天馬行空的創意。雖然也常會有不同意見，但很幸運我擁有一個善體人意又有才華的設計總監Max，自小生長於國外，多種文化歷練讓他見多識廣之餘，很快就能進入客戶所需的情境，平面、包裝、照片或影片視覺創意、空間展佈設計無所不能，而且設計點子屢能翻新，往往爲品牌增添更出色的人文表情。

其實設計本來就很主觀，加上個人美學素養不同，客戶之所以有口難言，有時的確是審美觀不到位，有時是因為對顏色或圖案的個人偏好，有時則是設計出來的商品、CI、包裝或網頁，與企業品牌風格不符，只因術業有專攻，用字遣詞難以達意。如果加上設計方不瞭解客戶經營思維，雙方便容易陷入雞同鴨講的窘境，一個設計案拖上半年一年不足為奇。

有時候我們難免自認神來之筆，點子宇宙無敵，但要用在客戶身上，還是得三思後行。顧問與設計師的職責是聆聽、理解、感受、引導、釐清及確認業主的條件、想法與期待後，再發揮自身所長，提出超乎客戶經驗與知識範疇，但令他欣然接受的建議方案。但我也時時提醒自己：再怎麼拍案叫絕，策略或創意除了要匹配客戶的專業、風格、財力、經營現實……等種種條件外，還要考量是否符合客戶的夢想與期待。

有時該俯身趨前，站在客戶的高度以對方能理解的語言，拉他一把往上跳；有時則該體察其情，彎腰割捨最愛。常常設計師眼中的次佳方案，或許才是品牌精神的最適呈現。

例如二〇一二年幫重慶客戶「感懶樹」規劃賣場空間改造，原本預計地板要改裝，牆面要重新油漆，還要添置一些展示櫃，這些硬體費用預計花費十五萬元人民幣，工期約兩週。不料簡報完客戶對規劃方案大加讚賞，但等不及兩個禮拜。二十分鐘後新案出爐。鋪換地板？免了。重漆牆壁？以後再說。訂製展櫃？多此一舉！當下我們決定就地取材，即刻重新改裝。

只花了一天，賣場徹底改頭換面，更棒的是，硬體沒花錢，只用了一些訣竅，便將「感懶樹」的時尚感襯托出來：

其一，顛覆視覺慣性。如把東西直的變斜、頭下腳上、在地面的升到空中……等等，都能開拓美感新疆界。

其二，解構物件組成。例如要框不要畫、燈罩與燈座分家……，東西的形狀與元素四分五裂，卻成了獨一無二的設計造型。

其三，翻轉器物功能。水族箱變展櫃，陽傘變燈罩，工人用的木梯子變時髦展架，鏤空金屬人台變裝置藝術……，把有用變無用，無用之用則成大用。

以上三種訣竅，除了源於設計美學涵養，更多來自平日見多識廣，加上深刻體察業主個性與需求，並且獲得對方信任與支持。否則碰上作風保守的業主，那能容你如此大卸八塊，放肆任為？

【人文 Logo 設計案例——勺勺客】

「勺勺客」是台灣第一家專營大漠料理的陝西菜館，品牌名稱典出當地民情——從前陝西鄉民於農閒時離家謀生，他們在背上揹著一把勺子、兩把刀，以烹廚手藝來爲人「辦桌」，也給自己混上一頓溫飽，於是在當地稱呼會作菜的人爲「勺勺客」。此名稱也與創辦人以一手好廚藝與人共饗幸福的理念融成一氣，「勺勺客」三個字盡現品牌精神，企業標誌的設計理念即扣緊上述整體形象加以著墨延伸。

甦活團隊設計總監 Max 在爲勺勺客設計企業標誌時，以書法字體爲品牌名稱展現漢字符號的抽象美感，勺勺客三字截取自蘇軾的《前赤壁賦》，加以變體後重新設計而成；此爲蘇軾少見的楷書作品，迥異於嚴謹的唐楷，不僅字形多欹側向左傾斜，且筆法自然不拘，多帶行書筆韻。楷書爲最端正嚴謹的書體，可讓未聞勺勺客的陌生客人在第一眼見到此企業標誌時，即能正確辨識品牌名稱，然蘇軾獨具的行書筆韻，解構了原有的方正規矩，形塑出大漠的豪邁飄逸氣質。

勺勺客三字左下方續以枯筆描繪一支勺子，呼應背後的典故—背上揹著一把勺子的勺勺客。枯筆即渴筆，一如《渴筆頌》「書中渴筆如渴驥，奮迅奔馬獷難制」，以此揣摩旅人漂流遊蕩以廚藝換取溫飽的心境。惟勺中一抹紅印，刻意挑選源自秦國之篆體，示意此典故的地理與歷史淵源。

主色系採棕色，盡現邊疆風景，色彩、字體、圖畫互爲展演競藝，表意傳情，豪放中隱含細膩風情，粗獷與柔美兼具。在此企業標誌的形與意中，照見了古都的歷史、絲路的浪漫、塞外吹起滿天風沙，台北廚娘在故鄉重現長安風華。

四、從文化汲取創意

人文品牌之塑造，從經營團隊挖掘素材之餘，還可以向老祖宗借取文化滋養，轉化為品牌智慧財。

常見廚藝競賽時，明明參賽者每人領到的食材一模一樣，最後料理出來的菜色卻五花八門味道更是各有千秋。廚師在食材比例、切工、烹調方式、火候、調味……等諸多環節稍做變化，成品就有不同風貌。

當文化轉成文創，原理有些類似。人們在一個地域中經年累月生活，慢慢形成群體的共同記憶，稱之為文化。文化的體現包括圖騰、儀式、習俗、節慶、建築、古物、傳說、技藝、典籍、詩詞、歌謠、戲曲、舞蹈、語言、俚語……等等，它們就如種在菜園裡的食材，也是社會的公共財，需要靠政府與民間的力量去耕耘與保存。

但會種菜的不一定會做菜。文化資產的保存是一回事，文創商品的開發又是另一回事。文化公共財如何轉成品牌智慧財？一個成功的人文品牌，除了懂得向所屬的文化就地取材，還會加上自己的人生洞察、時代觀照，搭配最新技法、調控火候來重新演繹文化蘊涵，最後擺盤上桌。如果只是把一些文化元素堆疊在一起，頂多像生菜沙拉，讓人嚐到食材原味，但無法讓味蕾驚喜。

以文化融合來創造新意是文創產業的重要契機，而在國際化與中國風盛行的今天，西方與東方不斷碰撞出火花，但台灣味可不可以在所謂東方風之中佔有一席？我有個客戶「河洛坊」，創辦人林老師是個戲棚下長大的孩子，在廟會文化浸濡下的他，多年來致力於台灣精緻布袋戲偶工藝的創作行銷，位於天母的店面常有老外光顧流連。除了傳統戲偶角色，「河洛坊」還有個鮮爲人知的服務，即幫客戶量身訂做特製戲偶。

曾有一家在台德商公司，全體同仁爲了歡送高階德籍主管任期屆滿回國，請「河洛坊」依照主管的臉訂做一尊將軍戲偶，再製作一個迷你布袋戲棚，旁邊搭配關羽、張飛、馬超、黃忠、趙雲等歷史上有名之五虎將。收到這個特別的送別禮物，德國主管興奮激動到幾乎落淚，可以想見他回到家鄉之後，可以拿這組「戲班子」的故事驕其親友好一陣子。最近我幫這項服務重新命名爲「唯偶獨尊」，取其一語雙關〈確實是只有一尊〉，也拿「偶」「我」不分的台灣國語開個玩笑。台灣的布袋戲文化源自福建，但在這塊土地上長出了自己的生命。翻掌天地，戲說今昔之餘，無論是金髮還是黑髮人，都能情有獨鍾，樂在其中。

除了創作功力與文化素養，經營者對生命的體悟，是文創料理最好的調味。就如大廚不是餐飲學校教出來的，人文品牌也需要日積月累的堅持，以悠遠歲月鍛鍊火候。

以品牌台北輔導的一家人文茶空間爲例，店址是尋常公寓一樓，但店內處處是歲月痕跡。曾被荷蘭皇家收藏的雕花琺瑯吊燈、老上海彩色毛玻璃窗、上海法國領事館沙發……。牆上掛著一幅一幅攝影大師郎靜山的人物肖像，羅家倫、李石曾、齊白石……，史學家、教育家、書畫家，牆上展演著另類的藝文沙龍，縮影中國近代史。輕輕推開兩扇古董門板，彷彿一腳踏進了另一個時空，有如置身一九三〇年代上海。這個隱身在台北巷弄裡的品茗洞天，喚作「水月草堂」。

店內賣的是私藏茶，陳年精品老茶，就收藏在檜木中藥櫃、古董檔案櫃裡。深入瞭解後發現，陳年普洱茶不稀奇，店內有四十年野生大葉散茶、五十年白針金蓮……，甚至有人瑞茶等級的百年鐵觀音。在有如紅海的茶葉市場中，這無疑是獨創山頭的寶貴資產。

就販賣歲月吧！將茶葉的年份比照紅酒明確標示，讓茶的悠遠生辰與來歷成爲品牌溝通內容與識別重點，搭配店中一件件身世不凡的眞跡古玩，加上各式藝文展演與絲竹管樂悠揚，俗人雅士均能偷閒半日，品味今昔。

專營陝北與大漠香料美食的餐館「勺勺客」則是另一例。店名取自陝北農民以廚藝混得旅途溫飽的風俗特稱。創辦人因爲一次偶然浪跡陝北三年多，習得一身好廚藝，返台後，開了全台第一家陝西風味菜館，以美食會友。

陝北西安即是兩千年前大唐首都長安，是當時的世界中心，也是絲路起點，那是中國最早與歐亞非交通往來要道，花椒、八角、茴香、桂皮、胡荽……駝鈴聲裡運來的異國香料，成就了陝西飲食多元豐富，取材廣泛的寬闊胸襟。在店內吃得到道地的泡饃與臊子麵，店家還研發了雙紅泡饃，在牛肉湯底放入了台灣特色的鴨血，將陝北與台味交融。

除了黃土高原風情，「勺勺客」店中有一個獨樹一幟的風景。那就是牆面甚至樑上，密密麻麻題滿了客人的創意簽名，總統、高官、作家、名嘴、藝人、廣告人……，兩千年前人文薈萃的長安，彷彿在這一方小小空間重現。十幾年來，大夥兒不分年齡、職業、位階與種族，在味蕾的召喚下，不同時點來到勺勺客，透過牆上題名，穿越時空，一起分饗廚娘老闆的長安滋味與記憶。

不管是三〇年代的十里洋場，還是兩千年前的盛世長安；是茶香，還是香料芬芳，經過歲月加持的品牌風華，越陳越香。

文化是生活經驗的積累、沈澱與與淬煉；創意是生命視野的跨界、突破與想像。

五、跨界想像與智慧組裝

本書前文提到，貫穿整合文藝商E才能塑造完整的人文品牌，但若組織內部資源不足，與其他人的專業進行「智慧組裝」，不失爲可行辦法。

小提琴或鋼琴獨奏固然迷人，多數人更鍾情於交響樂的豐富磅礴；文學名著《齊瓦哥醫生》以多樣文類呈現動人愛情史詩，堪稱偉大藝術創作，但大家更津津樂道於電影版的經典鉅作。比起紙本文學，電影多了角色輪廓、對話與肢體表情、遠近場景、聲光效果與動人配樂等，是許多藝術之集成，更是跨界合作的結晶。

在生活形態不斷翻新的今天，「跨界合作」早已在各行各業掀起革命，尤其是科技與文創領域。如今人人皆知手機不只是用來打電話而已，就連閱讀書本也有了新的定義。在電子書時代，掀開扉頁不僅圖文並茂，還可選擇來一段影片或動畫，眼睛看累了，就用耳朵聽書也行。但要成就跨界商機，只要把各領域高手齊聚一堂，攜手共同創作便大功告成嗎？顯然沒那麼簡單。光是讓軟硬體工程師與設計師聽懂彼此的語言已經煞費周章，若再加上作家、插畫家、行銷專家、媒體專家……一干人等，要能耙梳理路恐怕得靠佛度有緣。就以簡單如企業網站來說，很難找到兼具設計美觀、內容豐富、文案動人、功能好用、動線流暢與搜尋容易等優點於一身者，因爲背後牽涉隔行如隔山的多種專業。

所以偉大的交響樂團、偉大的電影與偉大的智慧手機寥寥可數，而且背後一定要有個偉大的Director〈指揮家、導演、企業主〉，他有堅定的創作意念主軸，在充分瞭解各家之長後，擷菁取華，將各種創意作最佳的組裝而後貫穿全局。當然，團隊成員若能兼擅或至少理解他人之長，更能豐富自己與增色全體。

在既定的熟悉領域中，受到既有經驗與習慣的侷限，再怎麼力求突破，總會在轉折處遇到競爭，即使是箇中高手也難以掙脫被預測、被模仿甚至被打敗的宿命。反之，若能將原本不相干領域的知識或素材融合一起，就有機會開創難以競爭的新局。

十五世紀義大利有個梅迪奇家族，他們出資出力，把雕刻家、科學家、詩人、哲學家、金融家、畫家和建築家等匯聚在佛羅倫斯，並提供一個平台讓他們彼此碰撞、學習，打破不同範疇與文化的界線，因此引爆出一個充滿新觀念的全新世界，後人稱爲文藝復興。這是「梅迪奇效應」（Medici effect）一書中引用的一段歷史典故。作者Frans Johansson把不同領域交會的地方叫做交會點，把交會點爆發出來的驚人創新稱爲梅迪奇效應（Medici Effect）。

跨界想像化身千萬

法藍瓷開了咖啡屋，琉璃工坊創設配飾新品牌，八方新氣爲老酒品牌設計新瓶、琉園爲寶塔設計塔位……，請問這幾件事有何共通之處？近日台灣幾個大哥級文創品牌在兩岸都出了新招，儘管招式各異，但本質卻雷同——讓文創更貼近生活。

文創商品兼具高知識含量與高情感含量，若純粹以作品型式靜態銷售，一不留神容易曲高和寡，淪爲少數雅士收藏。如能走進食衣住行起居坐臥，將美學與文化點滴滲透，風雅了俗者生活，玩趣了常人酬酢，那麼人們可能願意付出高價換取無可取代的美好體驗。

這就是文創可貴之處，它是文化的跨界想像與重組，不必拘泥於一定形體與格式，可以化身千萬不必著相。

可以是杯盤，可以是髮飾，可以是酒器，可以是思念的託告、時髦的符號、偷閒的妙招、好客的表徵、盛宴的徽章……

所以，可以結合餐飲、時尚、休閒、地產……等各行各業，以各種面貌示現，不再只是行銷產品，而是行銷動人創意與生活視野。但這不表示產品生產管理與庫存管理不重要。

最近有家高檔有機餐廳要在上海開幕，爲了襯托餐飲質感，經推薦找到一家有能力設計製作環保材質食器的台灣文創業者，滿意之餘言明考慮將來各分店都要使用此系列食器。不料下了單才發現每個款式都只有一兩個現貨，而要追加生產得等上個把月，來不及趕上餐廳開幕了。

食器的確不是這家文創業者的主力產品，但由於商品過於多元加上委外製程耗時費工，其實經營得蠻辛苦。兩岸都有擴點計畫且財力雄厚的餐廳，原本可能爲業者開闢了新的通路與產品研發新方向，但受限於設計遠遠凌駕於生產的組織文化，讓揚帆壯遊之計就此擱淺。

跨界是大家樂見的新課題，只是樂於合作可能還不夠。勇於碰撞，互相乞靈，創意才能形成有機體。摻入異領域的基因後，與人合體時更加行雲流水，伸縮有節，獨奏或唱獨角戲時則倍感盪氣迴腸，時有新意。

六、創造自己的價值鏈

藝文工作者通常缺乏數字概念與商業邏輯，加上臺灣文創業者規模多偏小，人力與資金受限的情況下，難以完善處理市調分析、產品定價〈報價〉、流程控管、財務規劃、通路拓展等環節，以致行銷管道阻塞、品牌形象不明。

對講究慢工細活的文創業者而言，訂單問題可說令人頭疼不已。除了數位內容產業與具製造業背景者，臺灣文創業者多半因規模袖珍、技法精緻美而導致產能受限，部分文創業者更認爲量產會損傷作品的文化質感，在維持產值、品質與價值之間之間尋找一完美平衡點，乃是當今臺灣文創業者所面臨的重要課題。近來創投資源開始湧入，若能解決產能問題便可樂觀預見後續商機。

如何建構創意生產線？

一個琉璃飾品設計師在參加一個文創展後，接到一個國外買主的訂單，對方希望一個月內拿到兩千條他所設計的琉璃項鍊。以他平常產能，一天最多可以產製十條，就算動員所有可用人力支援趕工，還是無法如期達成使命，只好忍痛放棄訂單。

兩千件數量的訂單對一般製造業來說，簡直是小事一樁，但對講究慢工細活的文創業，可就茲事體大。除了數位內容產業與少數幾家有製造業背景的廠商，台灣文創業者多半美而小以致產能受到侷限，有些創作者苦於找不到量產途徑，有些則認爲大量生產會褻瀆作品的質感或遭人仿冒而敬謝不敏。在維持創作精緻手感與回應市場大量需求之間，到底有無兩全其美的解套之計？

多年來與文創業者共事的輔導經驗，慢慢摸索整理出以下五個解決方案，期望在產值、品質與價值之間，幫業者找到均衡之道。

1. 開模有術，培養師傅

工藝品與設計飾品由於手法細緻精巧，相對開模的難度也非常高。除了需要技術精湛的老師傅配合，與設計師的默契培養也非常重要。長期爲迪士尼與國內政府公部門代工設計精緻禮品的京緻坊，便花了多年時間培養合作班底，確保設計師雕刻出來的海底水晶宮、童話城堡、總統府……，一道屋簷、一個窗櫺……，每個細微的做工都能被精準翻模，有如設計師親手捏塑，如此製造出的產品便能兼顧質量。

2. 模組零件，創意組裝

開模的成本畢竟很高，在尚未確定有單的情況下，每個產品都以開模方式量產，不是所有人都負擔得起。有個飾品設計師設計了一款有許多顏色的造型小花，並開模大量生產。這個小花飾變成他許多作品的共通零組件，項鍊、耳環、杯環、珠寶書籤、眼鏡鍊……，既保留手創質感與創意變化，又具備模組生產的效益。

3. 拆解流程，分段作業

很多手作工藝品其實也可以仿效工廠生產線手法，將所有工序拆解成一個個流程步驟，較講究或高難度的程序由自己掌握，工法簡單的步驟則以外包方式作業，只要做好品質管控即可。

4. 開班授徒，複製分身

以接案提供技藝服務爲主的文創業，如空間設計、花藝布置、樂團演出……等等，等於是販賣專業與時間。而上帝給每人的時間都一樣，開班授徒，培養團隊便成了增加營收，擴大產能的最佳選擇，但風險是可能爲自己製造明日競爭對手。預防之道便是輔以流程設計，將最關鍵技術〈如配色、製圖、編曲……〉留在手上親自作業。

5. 多元應用，一舉數得

我曾遇過一個販賣手繪布包的學員，苦於製程長而價位卻無法拉高。其實他的動物手繪圖案非常有特色，只是在一個一個布包上作畫未免太沒效益。如果同一個圖案可以出現在不同產品上，甚至提供授權，就能走出不同格局。這種方式適用於擅長插畫、書法、彩繪、篆刻等創作人才，只是需懂得經營個人品牌，才能像幾米、彎彎一樣擁有一片天。

客製化服務菜單式報價

而對於許多提供量身訂作服務的文創工作者來說，如何報價是個頭痛問題。一來提到錢彷彿變得市儈，討價還價更是有失文人風骨；二來每個案子狀況都不一樣，一些眉眉角角很花功夫，但客戶不見得理解。尤其混和人力、工時、材料、設計與事後維護等計價項目的案子，連自己都眼花撩亂，更別提讓客戶搞懂。

爲了避免陷於數字迷宮，有些文創業者乾脆憑經驗、憑直覺，甚至憑客戶口袋深度或難搞程度報個一口價，沒有章法可言。但這個價碼如何讓顧客滿意且讓自己獲利，可是個大難題。報高了，怕嚇跑客戶；報低了，怕爲難自己。運氣好遇到乾脆的客戶，頂多殺點價意思意思就有機會成交，然而遇到實事求是的客戶，一路追根究柢揮刀猛砍，被砍得暈頭轉向之餘，很可能一時不察就做了賠錢生意。尤其是缺乏數字概念的藝術家型業者，每次提案報價簡直就是噩夢一場。

「色魔漆坊」就是典型例子。創辦人林督旅居北美二十年，憑著興趣與對色彩的天賦，幾年前由影評人與記者身份轉戰「仿飾漆」或稱「花式漆作」產業。「仿飾漆」在歐洲上流社會已有幾百年歷史，英文「faux finish」之faux字其實是法文「假」的意思，以環保漆料來仿各種裝飾性材質如大理石、花崗岩、木紋、皮革等等。其後更衍伸至以各種設計圖案，在牆上、天花板或家具上漆。

一個「標準的」仿飾漆施作過程，起碼要三至四個默契極佳的工作人員同時上牆，使用的材料與工具，又多半是進口貨，而效果要完美、收尾細節要好看，工班絕不可能是「烏合之眾」，工錢也自然不會便宜。如果是仿石紋一類的漆法，則需預先有上百次的練習。因此「花式漆作」可說是個知識密度極高的美學產業，從漆料、工法、圖案設計到配色，甚至整體裝潢搭配，沒有「兩把刷子」是做不來的。

三年多前回台發展，驚覺「仿飾漆」在此地完全沒有蛛絲馬跡，林督在加拿大的小有名氣，也無用武之地。經過一段時間市場耕耘加上網路與媒體加持，「色魔漆坊」開始在此地長出名氣，上門客戶愈來愈多。多次與林督互動後發現，她才華洋溢，像個天生的調色盤，但不善數字與精密邏輯思考，工作認眞但流程很隨興。初期，一有案子上門她便來與顧問討論如何向對方報價，甚至開課的學費該收多少，也煞費周章。爲了一勞永逸，我們決定幫她規劃一套接案服務流程與報價系統。

首先運用IE工程手法，仔細將所有工序流程精準化，做成試算表單，依施工空間大小配套計價標準，並在機制中加入加權計價的模式，因此在與客戶溝通的過程中，即可立即依客戶需求將報價估算出來。例如平塗依程序分成兩種工法分別計價，另外再按平面或立體效果讓客戶選擇，然後依色彩多寡分階。如此讓客戶一目瞭然，清楚認知每一個工序選項與其代表的雙方權利義務。一來避免承接委託案後雙方產生爭議，也可讓客戶提高對色魔漆坊的專業信賴感。

當然，要把經緯萬端的服務內容做成可供客戶勾選的菜單，是一件複雜工程。要呈現服務程序先後、橫向選單、其他層面選項，還要考量量化與質化的不同選項，的確不容易。但複雜的第一步完成後，此後接案就如倒吃甘蔗，苦盡甘來。以前「色魔漆坊」接到案子，光是準備報價提案就要花兩三個禮拜，現在兩三天就能搞定。

近來文創火紅，創投資源開始湧入，有潛力的文創業者只要解決產能問題，後續商機無可限量。

第三部

無所不在——品牌推廣

一、自己就是代言人！

很多品牌習慣重金禮聘名人擔任代言，希望名人的光環與魅力能爲品牌加持。但近年來很多新秀品牌崛起的過程，推翻了傳統企業品牌行銷的法則，他們不花大錢砸廣告，更不必重金聘請代言人，事實上，經營者本身就是最佳品牌代言人。尤其是走寫實路線的人文品牌，品牌個性就是經營者意志的延伸，還有誰比自己更能詮釋品牌的喜怒好惡？

即使沒有迷人外表，只要擁有創意與熱情，加上流暢的表達能力與群眾魅力，便能成爲溝通高手，爲品牌增色加分。已故的賈伯斯 Steve Jobs 即是箇中翹楚，他讓蘋果每一次新品發表會，都像是佈道大會，蘋果迷的情緒隨著他的音調高低而起伏澎湃。我懷疑 iPod、iPhone、iPad 等每一代產品的細膩設計，若非賈伯斯充滿情感張力地娓娓道來，有多少人理解其中奧妙？又有多少人瘋狂追隨擁抱？

王品集團戴勝益、法藍瓷陳立恆……，我接觸過很多小品牌的經營者也有這樣的特點，說話很有感染力，講到自己的事業理念與願景，便會慷慨激昂，手舞足蹈，讓人感受到品牌的魅力。例如「虱目魚女王」盧靖穎有著台南女兒特有的熱情，從一個原本靦腆的家庭主婦創業起家，講起虱目魚引經據典，眉飛色舞，不僅常在媒體前侃侃而談，也變成創業講師，還遠征國外演講分享台灣女性創業經驗。每一次演講結束，現場總是會收到訂單，大家迫不及待想要親身體驗她口中所言的有趣產品。

除了口語表達，穿著打扮也是代言重點。裝扮風格與色彩選擇都透露著經營者的品味與價值觀。很多設計師喜歡一襲黑，低調神秘中顯露品味。但千篇一律黑壓壓中，跳出框架反有驚喜。如推廣繽紛仿飾漆的「色魔漆坊」林督，從頭到腳總是一身五顏六色波西米亞裝扮，但極為協調而優雅，一現身便成為矚目焦點，展現調色美學專業，也為自家服務招來知音。

而服裝或飾品設計品牌經營者，若能把自家商品穿戴上身，更能體現人劍合一的創作執著。重慶夏布品牌「感懶樹」創辦人楊青平常脂粉不施，不是穿著夏布服飾，便是手挽夏布包，而在重要場合她就以特殊裝扮現身。如品牌發佈會上，長髮盤頂，一匹白色夏布以麻繩裝飾固定包縛全身，當她打著赤腳出場，如希臘女神般的造型驚豔全場，而她對苧麻夏布那種天然樸韻之熱愛，以及她自己不居於形役的人生觀，表露無遺。

我愛故我在。當經營者不是只為了營生，而是真誠分享自己的熱愛，知音自會紛至沓來。經營者甚至有如明星待遇，有了衷心追隨的粉絲，他們不但是忠誠顧客，也會幫忙傳播，以廣招徠。

「業務話術」與「品牌論述」

但會說會演不見得就能扮演好品牌代言角色，還得看言之為何。有些老闆是業務高手，身段柔軟，舌燦蓮花。在展覽會場上，這樣的老闆一現身，往往生意興隆，訂單源源，但老闆一離開，人群隨之散去。原來，表演魅力集中在老闆一人，以致「人在業績在」，人不在，原本靈動的產品又變回呆啞木雞。說到底，只有老闆對產品鑽研甚深，才能表達得活龍活現，他人難以望其向背。

企業主於是常感嘆「分身難覓」，但上述問題癥結其實是「業務話術」與「品牌論述」的差異。「業務話術」著重使用效益，「品牌論述」則彰顯情境價值，兩者的溝通衝擊力道有很大差異。「業務話術」得面對面張口說才有張力，「品牌論述」有時不需開口，經營者一個姿態眼神便無聲勝有聲。而且可以借助文字、圖像、甚至影片來提升「傳播產能」。

很多經營者當局者迷，身在此山中，反而不識自己品牌價值的眞面目。有時說太多，缺乏焦點或系統；有時說太偏，不是顧客在意重點；有時太輕忽，手中握有寶貝而不自知。

曾經有個能說善道的客戶，人在重慶參展時，有位北京經銷商急電求援，說是有個機緣可以上台三分鐘介紹他的品牌，但經銷商不知從何說起。結果他轉而打電話向我求助，原來他自己很會講，卻無法寫成教戰手稿。幸好當時已經幫其品牌整理了一套論述，於是借箸代籌，臨時擬出三分鐘品牌傳唱腳本。

經營者永遠是最佳品牌代言人，那種「孩子是我生的！」的熱情無可取代也複製不來。我認識很多經營者，原本不善言詞，卻在品牌脈絡梳理清楚之後，赫然發現自己的天命與志業，開關頓時打開，開始像傳道家一般時時與人倡言分享珠璣，甚至受邀演講，還有人進而成了專業講師。

但人畢竟無法如孫悟空，吹一根毛髮便能化身千萬。如何提煉出品牌精華，化爲文字或影像，在三秒鐘內攫取注意，三分鐘內打動人心，精準又有效地傳遞出品牌價値，且讓人心甘情願又輕而易舉幫你的品牌進行二手傳播，的確是缺乏天文廣告預算的品牌業者，亟需學習的功課。

二、誰是你的顧客？

前文強調，品牌定位時要從顧客角度思考。但誰是我們最重要的顧客？是付錢給我們的人，還是使用我們產品的人？這兩種人不一定劃上等號。當我詢問這個問題時，很多企業主常會愣住，尤其是原來以OEM接單生產，以及自己沒有直接接觸消費者，而是將商品透過經銷商販賣的企業。

一般認爲，付錢的人最大，是當然衣食父母。不過，他付錢購買了我們的產品或服務，是要再賣給他的顧客，如果他的顧客不消費了，他還會持續上門來找你嗎？不管是誰付錢，將產品買回家或使用我們產品的人，就是顧客。他如何發現我們的產品？如何看待我們的產品？爲何購買？如何使用？使用後感受如何？如果沒有這些珍貴情報，品牌溝通與推廣只是自說自話。

在過去賺錢很輕鬆的年代，企業只管悶著頭把產品做出來，自然有人會買單。但賣方時代已經一去不返，對大部分的企業而言，瞭解顧客是行銷自己的頭號功課。但更多時候，不只要瞭解過去的顧客，還要創造未來的顧客。

例如做鋁櫃的「方塊躲貓」在品牌改造之前，都是透過傳統家具行經銷，從未直接接觸消費者，以致新產品開發時不免有些閉門造車。直到密集參展接觸人群後才開了眼，瞭解了一般人對起居空間的要求，也讓產品攻入嬰幼兒用品、書架展櫃……等過去不曾涉足的市場。「品牌就是素人演變成明星，要有精心打扮加上不斷上台練習，然後從觀眾〈消費者〉的眼神中，不斷修正。」這是「方塊躲貓」創辦人 Wendy 在一次上台分享品牌改造經驗時的心得。

再如台灣嫁妝禮品龍頭供應商「大益妝禮」，原來大都透過中南部爲主的嫁妝百貨行行銷產品，但古禮婚俗漸漸式微，第二代挑起重擔重新定義市場，找尋新客源。不只生產供應嫁妝用品，更要注入禮俗傳承與文化創意，復刻起舊式古禮的經典浪漫，爲時髦年輕世代打造古味與新意琴瑟共鳴的婚禮。

A到B最近的距離是經過C

有些企業認爲經營 B2C 太辛苦，以 B2B 方式直接找到大客戶，比較省事。多年前有個客戶叫「異色引誘」，創辦人夫妻出身銀行金飯碗，因緣際會取得比利時知名巧克力品牌台灣區的總代理。一方面做網路行銷，一方面積極拓展實體通路。但沒有雄厚的資金，無法砸廣告費或進駐百貨公司，手中握的頂級產品該如何行銷出去呢？「既然是頂級巧克力，觀光客理所當然是我們的消費族群。」夫妻倆於是拿著巧克力造訪各大五星級飯店，卻始終換來「有空再聯絡」的下場。

後來苦勸他們改弦更張，一步一腳印去科學園區擺攤開始。克服了捲袖彎腰對路人叫賣的心理障礙，兩夫妻從單日銷售業績一百五十元到兩三萬元，慢慢變成擺攤達人，同時將客群鎖定高科技新貴，不厭其煩提供巧克力相關知識與鑑賞技巧，並用網路、企業擺攤交叉行銷來建立消費者的「產品認同」，逐步經營出品牌知名度。後來，當初給他閉門羹的大飯店也一一找上門。

「A到B最近的距離是經過C」這幾乎是一個屢試不爽的鐵律。A是想要拓展市場的企業，B指的是企業型客戶或大型通路，C指的是一般直接消費者。尤其新創品牌要經過與消費者直接「搏糯」的一番寒徹骨，獲得支持與肯定，才有機會進入大通路、接到大訂單，嗅到梅花撲鼻香。

琉璃設計師出身，「琉金穗月」爲了與其他琉璃業者區隔，一頭栽入琉璃建材的研發設計銷售，客戶鎖定爲建設公司、建築設計公司、代銷公司與少數業主，把自己定位爲豪宅建材，號稱「沒有琉璃，不算豪宅」，不時要與營建業者在商言商，討價還價，彷彿在賣磚瓦水泥。

雖然產品充滿藝術內涵，從直徑三米五的大型琉璃吊燈、琉璃蓮花水池、琉璃地板玄關、琉璃圓頂光罩、琉璃屏風、如意造型琉璃門把……，每一個設計都充滿與環境氛圍融爲一體的巧思，不同時間、不同角度來觀看，色彩與樣貌都有大幅變化。既創造了光影藝術場景，也巧妙結合風水佈局，而且從幾千元到數百萬元都有。但是由於 B2B 色彩強烈，加上豪宅之訴求，一般消費者與之遙不可及難以窺其堂奧。

眞是遙不可及嗎？話說一對講究生活品味的夫妻，住在一個有大片觀景落地窗的房子裡。有一次這對夫妻請一位年輕設計師在落地窗上的某一個特定位置，膠合上一片刻著兩尾魚造型，直徑只有幾公分的圓璧琉璃。設計師一臉疑惑地請教客戶，這樣做用意何在？原來他們搬到這邊將近半年了，全家人最喜歡在這裡欣賞夜景，經過多次觀察與記錄，他們發現每次月圓時刻月亮都會剛好落在這個位置，所以希望將圓璧嵌在這裡，藉以代表全家人永遠幸福圓滿的意念；雖然這個叫「大轉有餘」的琉璃圓璧才兩千多元台幣，但卻啓發了一個新事業品牌的誕生。

這個設計師就是「琉金穗月」的創辦人陳政宏。當年那個設計以通透琉璃引進飽滿的金色月光，有如圓滿豐收的金色稻穗，這也是「琉金穗月」這個品牌名稱的由來。

在陳政宏透露這段典故後，給了我靈感。經過診斷改造，以「琉光藝境，美學生活」作爲新的 slogan，向一般消費者提出居家新主張——不需百坪空間、不需黃金地段、不需豪華硬體，只要心存美的嚮往與想像，人人都可以藉著琉璃創意，打造出自己專屬的「情境豪宅」。如今，「琉金穗月」找回文創質感，參與各式文創活動，網站也不再像外銷電子型錄，在更多消費者欣賞支持下，建商的訂單自然隨之水漲船高。

不管顧客是誰，與客戶建立情感更是不可或缺。至少運用E化來進行客戶關係維護，追蹤客戶購物資料，或在客戶生日時表達祝賀等等。品牌可以視爲企業與客戶之間的一種約定，企業必須時時與客戶保持情感上的聯繫，用心去理解感受客戶的想法，並且想辦法去回應客戶期待。尤其老客戶是擦亮品牌的最重要資產，值得用對待家人與朋友的心情去照顧他們。

三、故事行銷與審美導覽

品牌要能深入人心，說故事是最好的方法。經營者的故事、產品的故事、客戶的故事，即便員工的故事，都是行銷的好題材。不只容易被口碑傳播，也更容易吸引媒體報導。品牌或商品的故事除了放到網站，還應該伴隨商品，以文字或口語被觀者心領神會。尤其是具有人文意涵或創作型商品，沒有故事，沒有說明，便如無聲電影，儘管畫面精彩，卻少了神魂勾動。

當年花博會場萬頭鑽動，都說有人潮就有錢潮，看看熱門展館大排長龍、咖啡館高朋滿座、美食街摩肩擦踵，就連紀念品區也人聲鼎沸，相較之下文創商品區卻顯得冷清，儘管主辦單位規劃動線煞費心思，參觀展區之後人潮必經此處，但群眾的腳步似乎未曾停歇，一件件擺在玻璃櫃裡的美麗商品，猶如冷宮后妃。是民眾不識風雅嗎？但一場場藝文表演座無虛席，美術館名畫展覽大家爭先恐後，對於文化與美學的孺慕，似乎普羅皆然。

那問題出在哪裡？儘管人皆曰嚮往，但真正有美學鑑賞力者屈指可數，於是人們仰望大師或藉助精彩導覽，進入創作者內心世界一窺堂奧。因瞭解而發出讚嘆，因認同而掏出荷包。

母親在世時，有次我陪著她逛百貨公司，來到法藍瓷的櫃位，喜歡豔麗色彩的母親停下腳步端詳，但看到價格不禁皺起眉頭。我隨口告訴她該品牌崛起的歷史、圖案的由來與其特殊的雕模工法。當我去了洗手間回來，驚見母親正交代售貨員打包一套紫色系的花鳥圖騰茶具，要價一萬多。年過七旬一生省吃儉用的她，買東西向來精打細算加實用導向，一件五十元的內衣可以穿上三年。這套茶具依她的標準簡直是天價，但她居然不猶豫、不砍價，「照你所說的話，應該很値得。」她笑著對我說。原來我無意中當了法藍瓷的導覽員，引出母親潛藏內心深處的美感渴望。

不同於展區與表演區有專人導覽解說，文創商品區屬於靜態的展示，服務人員只負責銷售。而商品展示櫃中，除了價格標示，其他文字說明寥寥可數，非內行人的觀者需憑自己的想像力，去揣測創作者的用心並試著將價標上的數字與商品劃上等號。

許多文創業者常感嘆嘔心瀝血之作恨無知音賞，但世間如鍾子期光聽琴聲就能辨出高山流水者，有幾人？幸得陽春白雪賞識固是人生樂事，感動下里巴人且讓老嫗能解，也許更有成就感。

位於日月潭德化社碼頭附近，有一家很特別的湖畔民宿叫做「富豪群」。名字聽起來很暴發戶，卻是個蘊藏藝術人文的洞天。表面上，這家民宿以自己研發的水果與湖鮮大餐、漂亮的歐式花園與堆積滿屋子的藝術品，在當地小有名氣，甚至曾吸引馬紹爾、吉里巴斯兩位總統蒞臨嚐鮮。照理來說，這家民宿理應車水馬龍，一位難求，然而除了週末與假日經常客滿，平常日子客房與訂席仍多有空檔。如果是一般以招攬遊客爲主的民宿，週休五日的窘狀可以理解，但這家民宿可以吸引的，不只是普通遊客而已。問題，就出在溝通。

民宿林姓老闆殷實誠懇而靦腆，在一次系列性品牌課程結束之後，我應他之邀下榻其民宿。這是我第二次入住，第一次是爲了深入瞭解學員所經營企業，事前以秘密客身份遊歷魚池、埔里多處地方特色企業，「富豪群」是該行程句點。首次投宿時，我就被俯拾皆是的各式藝術品所吸引了。有原木雕刻、有金屬鍛造工藝，而最吸引我的是掛在大廳、走道與房間內的油畫作品，清一色是女人畫像，長臉長脖子的優雅線條，一看即知作者深受義大利畫家莫迪里亞尼的影響，只是畫中人多半微啓雙唇淺笑，少了莫氏畫風常見的憂傷。

後來得知，藝術品是主人從世界各地蒐集而來，而畫作則是女主人無師自通的作品。據說創意水果大餐也是她的傑作〈從色彩搭配與擺盤亦可看出廚師藝術造詣〉，但這位才華洋溢的女子不見客，她平常不是流連畫室就是隱身廚房。

「可以跟她聊聊嗎？」對於我想一睹佳人的強烈好奇心，男主人面露難色，但還是知其不可而爲之。幾番敦請，終究無功。跟女主人雖緣鏗一面，但我從民宿的菜色與畫作，每個角落的一鐵一木、一花一草，都強烈感受到女主人的夢想與熱情渴望，遠遠超越「美麗花園加上可口水果大餐」。如果她能站出來親自講解，一定能感動許多人。

當然，不是每個才子才女都能像賈伯斯一樣，歡喜面對群眾。像雲門舞集的林懷民、法藍瓷的陳立恆等，可以侃侃而談創作理念與夢想的經營者，畢竟是少數。不管是因孤傲、害羞還是口拙，許多文創品牌還是欠缺有力而中肯的發聲。

創作心路歷程就如蜿蜒長廊，一個壁面、一個轉角都有動人風景。對自然的憧憬、對歷史的緬懷、對人情的關照、對自身的內省……，這些靈感與情緒化作工藝，商品只是最後呈現。季子掛劍，伯牙絕弦雖爲千古佳話，但知音寥落畢竟遺憾。文創業者不妨學習倒帶導覽心路歷程，讓平凡人也能成爲懂你的知音。

夢想，不該沈默；創意，不只要被看見，還要能被聽見！

四、兩段式關鍵字行銷

現代消費者多半在電腦前動動滑鼠，事先搜尋資料後才會決定是否購買某項商品。在滑鼠世界中，品牌官網、購物網站、部落格、臉書、Youtube、APP……都可能是傳播媒介。過去，網路對企業來說，是作爲通路或是媒體的功能居多，但在新興網路工具與雲端應用的推波助瀾下，網路根本就演變成企業營運大本營，只是隨著任務屬性不同，企業將擁有好幾個不同的網路平台，彼此以不同形式串聯架接。

網路可以幫企業效勞的功能愈來愈多，諸如品牌溝通、線上交易、社群經營、客戶關係、經營管理等等，但可能不是一個單一網站就搞得定。我接觸過許多中小企業架設了一個網站，便期待這個網站帶來更多客戶與更多訂單，順便幫企業品牌揚名天下，不過最後往往事與願違，卻不知問題出在哪裡？他們有的找人寫程式架網站，所有功能量身訂作，一應俱全，卻發現網站像個孤島，乏人到訪，而且一段時間後，會員管理與促銷機制等功能早已落伍，功能得不斷更新維護，簡直伊於胡底。

有的到知名網路商城開店，以爲站上巨人肩膀，不費吹灰即可借力使力。結果發現商城入口的流量不等於自己網路商店的流量，而且網站格式與功能受到諸多限制，有的甚至連基本美感都談不上。

打造 InterNetworking 夢幻組合

因此，問題不再是網站到底該架在哪裡？而是該如何建構一個網路上的「夢幻組合」？我把它稱之爲「速動網絡」InterNetworking，也就是 Internet+Networking，白話中文就是——在網路上隨時隨地進行人脈、行銷與資源串連。

也許是以一個發佈文章與互動交流爲主的知識型平台作爲品牌溝通的企業官網，搭配金流物流與會員機制完整的低價網路商城進行線上購物。前者用來與消費者交心並傳遞商品與服務之價值，需注重版面文字內容與設計美感；後者可視之爲虛擬貨架加結帳櫃臺，方便顧客下單付款。而爲了吸引更多潛在顧客，也許搭配 Facebook 或 Youtube 等社群平台。又或者進駐一個流量較多、較爲講究版面質感的網路商城開站，以此爲品牌主要基地，再搭配免費部落格與入口網站免費資源強化與消費者的溝通互動。

而對於愈來愈多想要進軍大陸市場的企業，除了台灣網站更要考量網路上的中國佈局。是加入 B2C 平台，還是走 B2B 策略？要不要經營中國的社群網站？……等等。以上指的是商品銷售型的企業，如果是以提供服務爲主的企業，更要思考如何讓全部或部分服務流程直接在網路上進行，並與內部管控機制及決策智慧連成一氣，創造企業新價值。甚至於原本以商品銷售爲主的企業，有可能因善用雲端化的網路轉化思維變成服務導向，就此改變產業遊戲規則。

隨著各種網路工具推陳出新，InterNetworking 夢幻組合也跟著千變萬化。但企業各自因規模、資源、人力、市場需求與E化程度之落差，組合也各有不同。工具花樣多不見得最有利，符合企業發展策略且不同平台間有效串連整合才是王道。

網路＋通路＋媒體

不管網路工具如何日新又新，更重要的是回歸行銷本質，運用網路串連所有資源，包括通路資源與媒體資源。在通路方面，例如透過自家實體門市、各處經銷寄賣據點或勤快參加各種展示活動，將網路上的顧客引導至實體光顧，或是將實體通路的客源導流回網站，如此交叉行銷，增加行銷效益

再如若沒有大作廣告的雄厚資本，善用媒體資源也是以廣招徠的重要管道。品牌經營者的夢想、創業歷程都可能是一篇動人的故事。此外，藉由趨勢話題、獨特商機、有趣議題或好康訊息，也都是媒體有興趣的素材，若能透過媒體廣為流傳，自然有知音會尋覓到你的網站或實體通路來。

但有時這個流程也會倒過來。例如品牌網站訊息豐富，內容引人，且容易被搜尋到；或是有你的顧客自動在網路上為你的品牌美言；或是關於你的品牌相關訊息曾被報導而於網路留下記錄，於是有媒體在網路上隨機尋找報導題材時，便找到了你的品牌。又或者一次參展時，因陳列布置突出吸引媒體注意，也創造了媒體曝光機會。

也就是說，品牌如果學會將網路＋通路＋媒體彼此串起來，或者互為運用，便可以省下

大筆廣告支出，並且達到最佳行銷效果。

但網海茫茫，辛苦架設的網站如何快速被看見？很多人選擇購買關鍵字廣告或是進行SEO搜尋引擎優化。但當大家都如此做，效益就被稀釋了。我認爲要打敗搜尋引擎，有以下三種門道：

- 基本面—建構豐富而吸引人網站內容，且勤於更新
- 策略面—設定步驟與對的關鍵字，盡量在每個頁面適時出現
- 技術面—研究搜尋引擎遊戲規則〈如搜尋引擎只認得純文字，不認得出現於圖檔裡的文字〉，順其規則揚帆網海。

關鍵字行銷不等於關鍵字廣告。爲了達到以最低成本，創造最高串連整合行銷之效益，我們在多年前研發了兩段式關鍵字行銷手法。先把關鍵字分成專屬關鍵字與一般關鍵字，前者顧名思義是企業專屬用詞，等於是讓潛在客戶慕名而來找到你的一組密碼；後者就是常見的搜尋用法，如二手家具、智慧手機、鳳梨酥、頂級咖啡豆、婚禮小物、抓漏……等等，既可能爲你所用，也會被同行擁抱。

一般關鍵字雖然重要，但是競爭激烈，後進品牌或小型品牌不容易搶佔先機，而如果網頁排名未能進入前三頁，便會與潛在顧客擦身而過。如果購買關鍵字廣告以晉身首頁，非但

耗資，而且精明的消費者已經知道這是業者花錢買來的版位，未必產生信服感。

而所謂兩段式，就是先以專屬關鍵字在品牌故事、媒體報導、海報文宣……等場合現身，短短幾字既展現品牌特色也能吸睛，於是以此爲線索，在網路搜尋，出現的必定是你的網站或是與你相關的網頁。而當愈來愈多人造訪，網站流量增加，在搜尋引擎的排行自然水漲船高。日後，就算有眼不識泰山的潛在顧客用一般關鍵字搜尋，你的官網也會自動在他的電腦螢幕上方顯眼跳出。

那麼如何設定專屬關鍵字？這其實是品牌論述的一環，發想來自五個方向：

1.品牌名稱——這是專屬關鍵字首選。以生動而讓人印象深刻的品牌名稱作爲關鍵字，最能直接引入客源。如三點一刻、招弟、檜樂、方塊躲貓、双人徐……等。

2.品牌精神——直指品牌精神與價值的字眼，如：香氛珠寶、互動家具、琉璃建材、文創布包……等。

3.工法特色——手工工藝或製造手法上之特色，如：朱氏香焙、九陽工序、一刀雙型、記型鞋墊……等。

4.專屬商品——與類似同質商品區隔的獨門商品，如：懶人麵、萊喫旺、龍涎梨、果凍雞、躲貓櫃、金剛魔組……等。

5.代表人物——品牌創辦人或代表人物，如虱目魚女王、剉冰女王、新春如意、芒果長……等。

五、建構行動通路

誰能掌握通路誰就是贏家。但是在店面寸土寸金，又無力支付大筆資金進駐強勢通路時，企業唯有打造迤邐的行動通路。

隨著微利時代的來臨，商業模式改弦易轍，通路因之產生新變革，新的通路趨勢包括：大型化、透明化、去中間化。這幾年，大賣場以「大坪數」、「旗艦店」、「多元化商品」及「價格戰」，吸引消費者青睞，藉此爭取利潤空間；電子商務大行其道，數位化讓價格落差攤在陽光下，網路購物讓目的型的消費者不必出門就可買到自己所需的物品。

百貨公司、大賣場、便利商店、第四台購物頻道皆屬強勢通路，能夠進駐這些大通路的多是知名品牌，因此，一般企業想要爭得一席之地，勢必得出奇制勝。

打破通路的定義與疆界，以「行動通路」迎戰「強勢通路」，例如參加政府舉辦的展售會，到企業內擺攤舉辦試吃、試用，與異業合作寄賣、參加世貿商展等。另外，藉由參賽或出國參展亦可增加品牌資歷與能見度。

不拘於時間與地點的捆綁，並且省下高額租金。客戶在哪裡，通路就在哪裡；甚至經營者在哪裡，通路就在哪裡。曾經有個從事手工飲品的學員，除了展售擺攤時請消費者試喝，她幾乎隨身攜帶自家產品隨時分享，甚至一個人從台中到台北上課搭火車時，也能在火車上辦起試吃會，充分實踐上課時所學「行動通路」的精神。

當年甦活團隊以SOHOMALL爲名，協助輔導微型企業網路創業時，便有通路開發部門，接洽各大上市上櫃公司與科技大廠的福委會，簽下近百家特約企業，並經長安排到企業集體展售活動。我們鼓勵旗下諸多微型品牌，因爲網站太虛無飄渺，所以更要經常走出來，接觸客戶，傾聽客戶，順便接受市場殘酷的考驗。但即使擺攤也要擺出格調，尤其在擺攤過程要被看見、被注意。

商品組合、攤位布置、人員造型、促銷方案、文宣準備、活動設計，樣樣不可馬虎，許多經營者就在一次次擺攤戰役中，磨練出品牌的江湖實戰智慧。

而我們團隊經歷的戰績，也從五攤、十攤、五十攤、一百攤……，到二〇一〇年起承辦台北市政府與經濟部中小企業處合辦的「城鄉禮讚‧台北嘉年華」，廣招全台五百家特色品牌來到北市府前封街展秀。

由於強調創意，參展廠商除了一般常見的美食、生活用品類之外，往往有許多文創業者參與。若只以美麗布置與作品靜待知音上門，業者攤位多半門前冷落。室內展覽是文場，戶外展售則是武場。有些攤位人氣與買氣都很熱絡，有些則參觀人潮不斷，卻少有人當場消費。除了價位因素，是否對開口詢問的客人一視同仁，不厭其煩地解說，更是關鍵。有些問題很白目，有些問題很唐突，若換得瞠目或皺眉以對，客人也就肩頭一聳，無趣離開。

不只得主動出擊、來者不拒，還要動腦設計有趣的互動機制或遊戲，才能吸引過路人駐足流連，有時甚至有出乎意料之收穫。

二〇一〇年「城鄉禮讚・台北嘉年華」活動，一對安靜的夫妻來到一個炫目亮麗的耳機攤位。那是造型耳機品牌「好米亞」初試啼聲，他們以 OEM 工廠起家，第一次參加展售活動，第一次直接接觸消費者。只見妻子興奮地一個個把玩試戴，也不理會銷售人員的殷勤招呼。過了很久，一旁面帶微笑，不發一語的先生，終於掏錢買了一副美麗的造型耳機。展售會結束後，廠商接到這位先生的大批訂單。原來，他妻子先天聽障，從來沒有聽見過聲音的她，因爲這副美麗的耳機，竟然聽到了某些低音頻的聲響！這撼動了她原本安靜無聲的世界，於是他們想與更多聽障朋友分享這份感動。

耳機本是用來提供悅耳音樂，哪裡想到對某些人來說，一絲絲微弱聲響，就是天籟！「好米亞」把音感極佳的高質耳機賦予美麗外觀，意外攫取聽障朋友的注意，也爲自己的品牌力，再添一筆感人篇章。

除了戶外擺攤，大型展會甚至國際商展也都是品牌一試身手，攫取目光的良機。但國際性展會上，各家品牌競相出招吸睛，若沒有大展位、高預算，如何小兵立大功？

擺脫制式，以創意取勝是不敗法則。例如一般常見的標準展售攤位，都以主辦單位製作的門楣，用以替代招牌也一目了然，但是一排望去，每一家的門楣連成一線，統一規格輸出，造成視覺麻痺，如何能脫穎而出？若捨去門楣、減去多餘支架，讓視線穿透，造成空間的放大效果，光線充足，視覺明亮，也因爲動線乾淨流暢，讓消費者更樂於靠近。再如善用照片大型輸出，實景與虛景交錯，創造空間放大的錯覺，3×3的標準攤位也能擺出懾人氣勢。

想經營品牌，首要跳脫傳統賣場堆疊商品的思維模式，不是在超市賣雜貨、而是賣情景、賣氛圍。想創造品牌價値，何需花大錢租大攤位？布置情境空間，冷冰的牆面搖身一變，就是擴增實境般的視覺魔術。不僅招來知音顧客，大型賣場或強勢經銷通路也會受到吸引而登門，於是品牌的觸角便能逐步拓展。

六、融合六感的品牌展演

一場研討會的展示區中，一位陶藝家一手傾注熱水，一手舞動著陶壺，剎時壺底噴出水柱，圍觀者驚呼躲閃，水花四濺卻是涼意陣陣。這時陶藝家以說書人口吻道出壺底玄機，原來每個造型的壺都有機關，運用物理學原理，讓水流與壺演起了魔術。有的取諸漢傳千年智慧，有的乞靈台灣田園作息與生態。說者滔滔，聽者悄悄，眞是一場精彩的壺舞秀。

另一場研討會過後，一位女性茶商過來換名片。她對台灣茶的自然生態與產業生態瞭然到令人稱奇，鼻子一聞即知茶葉的身世來歷，有無添加香精。而對每一種茶葉的形狀、特性、口感、茶色更是如數家珍。現場示範茶道，動作俐落，時間精準。事實上，她不僅賣茶，也常受邀演講茶道。

流行歌曲拍MV打歌不稀奇，中國暢銷言情小說作家饒雪漫也拍MV來打書，請來俊男美女搭配量身打造的抒情主打歌，用聲光演繹書中浪漫情節。你可以說她是商業操作販賣廉價的感官刺激，但不得不佩服她的創意。再看花博夢想館的設計，藝術結合科技之下，除了視覺與聽覺驚豔，觀者一舉手一投足便參與了創作與產出。文創商品無論雅俗，似乎已經進入五感體驗的新世界。

文創產業本就包羅萬象，視聽嗅味觸之各種美學無不涵蓋。然而除了休閒或餐飲業之外，很少有產品或服務能夠一次囊括四到五種感官體驗，且多數在產品展示時，有意無意便限制了準消費者的感官模式。

我每次去逛設計展，總會發現令人驚喜的創意產品，禁不住想把玩時，「請勿碰觸」的牌子此時威風凜凜給你個下馬威，滾燙的好奇心頓時降到冰點。可以理解創作者深怕嘔心瀝血的作品，被無知或粗心的民眾折損了它的瑰麗，但有時候，產品的價值就在於它所激起的奇妙感官體驗。碰觸、吸嗅、傾聽甚至舔嚐，都可能是欣賞的方式。若只可遠觀，那就如美術館的珍藏品了。

有次在華山藝文特區逛設計展，同樣的碰壁經驗一再重演。直到逛到「四一玩作」的展區，終於釋懷。打通的兩個標攤，以木作爲主的家具與擺設，有放在陳列架上，有隨意擺在地上。每一樣都任由參觀者撫摸把玩，甚至一屁股坐上去，把搖搖椅當木馬騎。加上柔和的燈光與輕快音樂，大人小孩的笑語聲，創作者與參觀者一同完成了「互動家具」的品牌使命。

在大稻埕的「有記名茶」本身就是列爲古蹟的百年建築，在此除了品茶、聞茶、認識茶文化，還可參觀其焙籠間，體驗古早的製茶過程。而爲了讓客人安坐品茗，也爲提供藝文表演者一個演出空間，曾經是撿茶場的二樓，搖身一變成爲寬敞的中式藝文空間。悠揚的南管樂聲，常常伴隨茶香，陪遊人度過一個個悠閒的午後。

至於本身就是創作理念展現的產品，也不妨思考，如何邀請顧客二度創作？例如設計行銷精緻布袋戲偶的「河洛坊」，創辦人是一個戲棚下長大的囝仔，無悔投入精緻布袋戲偶工藝，匯集了文學、哲理、說書、雕刻、刺繡、繪書、音樂、戲劇等藝術，一尊尊栩栩如生的戲偶都在訴說一個動人的故事……。然而戲偶畢竟是死的，唯有人才能讓它活起來。顧問建議河洛坊，寫出一些素人腳本甚至邀顧客自己撰寫腳本，讓顧客化身爲操偶師，家裡的被單、沙發椅背就可權充戲臺，手掌自成一個天地。當英雄，做俠女，在戲偶翻騰中，每個人都可演出一齣精彩戲碼。把創作的權力與樂趣交到顧客手上，當顧客爲自己的表現興奮驕傲的同時，也就在爲這個品牌發出喝采！

二〇一二年七月十三日下午，重慶解放碑商圈的一個高端賣場二樓，一群藝術家與媒體記者，手托高腳杯，在輕快的爵士樂聲中，見證了一個流傳千年的中國工藝—夏布，如何蛻變成一種穿梭古老與現代的文化時尚。

經過三個月的品牌重整與再造後，厚重老氣的「三億齋」脫胎換骨爲時尚人文的「感懶樹」，演繹「寸間摩娑，漫布生活」。品牌也開始被看見了。先是一家以當代藝術畫作爲主的藝廊，看中「感懶樹」亦古亦今，貼近生活的藝文感，於是主動牽線引薦來自香港的家居概念館，在明亮寬敞的空間中，進行一次跨界品牌展演。

設計總監 Max 運用顛覆性陳列展示，讓「感懶樹」的衣、飾、居三系列的產品與文宣設計，巧妙與精品傢俱相互襯托演繹；輔以藝廊的現代藝術畫作以跳脫畫框的形式，重新拉攏人們的眼光。

另外還把「感懶樹」品牌故事做成明信片系列品牌卡，把文案做成商品卡，隨著商品包裝附贈出去，所以顧客買到的不只是美麗的商品，還有一首首詩歌，譜寫著令人心嚮往之的生活意境。

七月十三日的藝文沙龍與品牌發佈會，吸引重慶眾多藝文界人士及媒體記者到場。活動由重慶音樂電台著名主持人泥耳主持，學古典樂出身的她精選一系列經典民歌、爵士樂與創意拉丁舞曲串連貫穿，佐以美酒佳餚，構成一場「視、聽、嗅、味、觸、意」的全感美學跨界饗宴。

在這種氛圍中，「感懶樹」一些限量商品，轉瞬被搶購一空，一條被繫在仿古董椅上展示的圍巾，還讓兩個貴婦爭搶不休。雖然商場開幕不久，客流量還不多。但「感懶樹」不只賺到一個接近零成本的行銷通路，也墊高了品牌形象；而對家居概念館來說，添上藝術與居家布藝，讓原本生硬的高價家具活了起來；至於畫作也彷彿注入了新的生活意境，縮短了與一般人的距離感。

魚水相幫之跨界合作，加上融合五感六覺的展演美學，品牌得以開拓賞心悅目的無限可能。

幾年前香格里拉台南遠東國際大飯店舉行開幕，透過友人推薦去進行了開幕行銷活動的企畫比稿。不找大牌藝人，不耍正妹噱頭，以不到其他業者一半預算的規劃，拿下案子。我們運用最多的，正是最唾手可得卻最珍貴的在地文化資源。

新飯店由一棟圓形舊建築改裝，樓高三十幾層，爲台南第一高樓，擁有三百六十度無敵景觀。這樣的條件放在高樓林立的台北可能不是挺突出，但在毗鄰成大校園的府城市區，可就鶴立雞群。空間寬敞大器，有許多極具巧思的人性化設計，裝璜也具文化質感。由於是國際飯店集團與國內業者合資，經營團隊非常國際化，人員訓練也異常嚴格，但他們卻能充分尊重在地傳統。而國際感融入在地文化，便是這家新飯店要呈現的品牌印象。

呼應飯店名稱，以「尋找人間天堂」作爲企畫主軸。除了事前辦理網路票選飯店景點活動，開幕當天從剪綵的大門口，到舉行典禮的地下樓宴會廳，一路以仿古羊皮地圖鋪成地毯，兩旁布置稀有的天然花草樹木魚鳥，鳥聲啾啾配上音樂與天然精油花香，五百位賓客驚嘆中通過這條尋幽訪勝的鳥語花香步道，來到彷如人間仙境的宴會廳前。從泳池畔搬下來的豪華遮幕躺椅，就愜意橫陳在花木扶疏中，讓人忍不住想坐下來，此時還有專人拍照留念。

宴會廳內除了國際級美食，還可嚐到有名的台南小吃。兩旁設有飛越時空藝廊，展示府城古往今來的珍貴歷史照片。表演節目則由當地藝文團體擔綱，包括雷霆萬鈞的台南十鼓擊與悠揚婉轉的奇美交響樂團。而重頭戲開幕儀式則引人側目，直徑超過一公尺的大型圓形木盒，在特別訂製的木台上傾斜直立，以紅花古布覆蓋。重量級貴賓揭開紅布，赫然是台南有名的小南米糕，上面還以紅棗排列成蝴蝶造型。開幕貴賓以特製木刀切開，象徵「福〈蝴〉氣圓滿，步步高〈糕〉升」。這個以切米糕代替切蛋糕的點子，博得了在場賓客的滿堂彩。

而最讓賓客驚喜的，首推宴席後的神祕禮物。原本給五百位賓客的贈禮，特別結合府城廟宇文化中抽籤詩的禮俗，將四種贈禮分別設計成四句籤詩，放在精美御守中，讓賓客自己抽取。四句詩分別以行、坐、居、臥爲首字，形成一首七言絕句如下：

行遍天下吮指間—異國餐廳美食料理一客

坐沐襲人花草鮮—七樓SPA療程與游泳池一次

居高攬勝邀雲醉—三十八樓環景餐廳餐券

臥夢古城星滿天—客房住宿一晚

這樣詩情畫意，古色古香的抽獎方式，許多人直呼有趣。而從進場、觀禮、表演、用餐到抽獎，每個環節都充滿文化體驗，而且跟他們生長的經驗做了連結。如此除了創造議題讓媒體發酵，也讓這些意見領袖級的貴客成爲飯店首批忠誠粉絲，讓他們日後跟朋友茶餘飯後閒聊之時，有了精彩話題，飯店的聲名也隨之傳播出去。

讓顧客參與其中，享受視聽嗅味觸加上心靈感官的六感展演，也同時成就了品牌的高度、深度、溫度與廣度。

第四部

無奇不有——改造案例

一、新創品牌從無到有

輔導新創品牌的因緣，來自二〇〇〇年起團隊規劃承辦青輔會「飛雁專案」婦女創業輔導課程。當時課程叫好叫座，全台各地場次班班客滿，不只女性趨之若鶩，連男生也來報名湊熱鬧。當年我與外子Ron無役不與，將近十時間幾乎每個週末都花在與那些懷抱創業夢想的老中青新女性商討築夢大計。我們知無不言，熱忱相授；他們也斷無藏私，傾囊分享，從課堂教學討論延伸到課後操刀協助，在教學相長中不知不覺練就吸星大法，涵養了日後從創業輔導到品牌輔導的實戰功力。

而第一次出手輔導新創品牌，過程非常戲劇。兩個四十幾歲的家庭主婦，一個叫新春，一個叫如意。新春保守謹慎，出身東港捕魚世家；如意大膽活潑，滿腹創意巧思，她們因緣際會認識，共同創造出「橫綱黑鮪」品牌，開始了網路宅配頂級黑鮪魚與創意屏東特產的事業。

如意是我多年好友，「如果不會電腦，將來連飛機票和火車票都沒辦法自己買。」我這番恐嚇有效打動了愛四處「趴趴走」的她，於是買了電腦，開始練起一指神功，沒想到也因此種下她日後網路創業的因緣。十一年前我邀她來參加「飛雁專案」，課後有一天如意興致勃勃來告訴我她跟新春兩人的創業點子，根據我的直覺，這是個極有可爲的案子，站在顧問兼好友的立場，我贊成她們放手一搏。

新春如意興致勃勃用私房錢打算買兩隻黑鮪魚開始，卻遭到內行人訕笑，於是牙根一咬耗資買了十條起家。後來兩條魚就變成她們的創業紀念圖騰，作成項鍊與琉璃珠吊飾。創業初期當然吃不少苦頭也鬧不少笑話，光是架網站就費盡周折。兩人對網路行銷毫無概念，與工程師之間的溝通有如雞同鴨講，加上這個網站沒有獨立網址、沒有購物車，後台也無法自行維護，文案與圖片得由電腦公司協助上傳，過程往往拖泥帶水，網站幾乎形同廢墟。

經過一年，來自網路的訂單始終不見蹤影，但靠著新春的家傳技術與如意的業務手腕，南部地區的業績蒸蒸日上，特殊低溫冷凍黑鮪魚、得意創意作品鮪魚碰餅、櫻花蝦鬆等都有好成績，只是如何打破地域限制，拓展市場格局始終是新春如意的心頭大計。

而在協助他們處理網路疑難的過程中，微型品牌育成輔導的架構SOHOMALL悄然誕生。後來如意偶然認識了愛吃黑鮪魚的漫畫家蕭言中，慷慨幫她們設計了「橫綱黑鮪」的Logo，整個CI徹底更新。

我與團隊也開始積極幫她們規劃整體行銷包裝，確立品牌定位與發想品牌故事，並且重新架構網站，命名為「黑太郎元氣網」，網路訂單開始出現。這就是SOHOMALL品牌輔導的「原型」〈prototype〉。

隔年，新春如意參加了「飛雁專案」成果發表記者會，與其他幾位創業成功的飛雁學員站到台上分享成果與心得。記者會後各家媒體均以大篇幅報導這些平凡女性的創業故事，尤其新春如意獲得最多的鎂光燈，各大報紙、雜誌陸續露出之外，電視台也爭先恐後，有一天居然有六部SNG車同時出現在她們東港的小店前。

就跟拍電影一樣，要有好的題材加上動人的故事與堅強演員卡司才能在短時間內叫好又叫座。以新春如意來說，東港鮪魚季的炒作讓她們的創業主題—黑鮪魚與屏東特產研發佔了先天優勢，而新春爸爸翹船長的故事、新春如意兩條魚的故事、黑鮪魚與琉璃珠結合的故事……等，都讓這則家庭主婦創業傳奇增添許多傳誦的話題，也成為媒體最喜歡的動人素材，更帶頭激勵了無數平凡的家庭主婦重燃人生夢想，包括後來的「虱目魚女王」。

十幾年過去，如今新春主守東港特色美食事業，如意則意外跨入到文化創意產業，還成了知名講師。青輔會於二〇一三年走入歷史，併入教育部與經濟部，我與團隊早已脫離創業輔導業務，SOHOMALL輔導微型企業網路創業的模式也在持續六年後功成身退，但那些年與兩三百個創業小老闆並肩奮戰的日子，無時忘懷。

他們絕大多數付不起高額顧問費，不知道怎麼寫創業計畫，甚至聽不太懂傳統「產銷人發財」的管理術語，但並不表示他們沒有做生意的潛力。他們的問題千奇百怪，從怎麼說服家人同意他創業、傳統菜市場的自有店面可不可以開咖啡店、員工沒事先告知就突然不上班，說要回去幫家裡賣酒、創業夥伴打退堂鼓怎麼辦、家在住宅區可以設工作室嗎……，到如何申請政策貸款、如何在網路開店等等。

微型創業贏的關鍵

每天，辦公室的電子信箱總會收到各式各樣，來自SOHOMALL輔導夥伴的求救疑難雜症。除了像「我什麼時候申請商標比較好？」「國外客戶該如何報價、收款？」等等屬於技巧性問題要去一一解決，創業者更多時候是要面對複雜的人性問題。在整個輔導過程中，很多時候是扮演「張老師」，以愛心、耐心與同理心去傾聽，並且將生澀的管理語言轉化成平易近人的輕鬆語彙。

微型企業不宜妄想鯨吞大眾市場，鎖定小眾市場甚至自成一派，滔滔江水中先取一瓢飲，這一瓢取得對，就成綿延活水。

微型企業與中小企業不同的是，後者在成立初始通常是經營團隊、資金、技術樣樣俱全，以打正規戰的軍容逐鹿商場。而微型企業大部分是憑藉經營者個人的創意與拚勁起家，不是缺錢，就是缺人，多半要以游擊戰與集體作戰的模式攻城掠地。

生意人與創業家的差別在經營者的氣度與格局。生意人懂得追隨商機，以賺錢成交爲目的，成敗看小聰明與運氣；而創業家著眼於創造商機，以提供長遠價值爲目的，成敗靠大智慧與堅持。這一切無關資本額大小。一個不斷用心研發創新商品，努力打造自我品牌的夜市攤販，可能比依附政商關係樓起樓塌的大企業更有願景。

在資金不足的前提下，許多在大企業用錢就可以迎刃而解的問題，在微型企業只能使用奇門遁甲，各顯神通。例如要打品牌，卻沒錢買廣告怎麼辦？人文品牌三部曲累積的 Know-how 就是這樣一步步從一次次實戰中累積得來。以下兩個案例，就是赤手空拳，無中生有打出品牌的有趣實例。

案例1

家庭主婦變虱目魚女王——SABAFISH 府城館

一個沒有職場歷練，未經社會洗禮，拿菜刀比按滑鼠俐落的家庭主婦，也能利用網際網路創業？自創品牌之路雖有波折，但上遍大小媒體、得到新創事業獎、到聯合國演講分享……，以一個只用十萬元創業的家庭主婦來說，「虱目魚女王」眞是一個奇蹟。

從嚴選食品加工廠的產品行銷起步，到自行研發委外代工的食品公司，接著轉型爲保健食品與美妝生技公司，二〇一二年底再跨足到文化館經營，「SABAFISH 府城館」是個標準「無中生有」的經典創業個案。

乞靈於新春如意黑鮪魚主婦創業，但不同於後者握有黑鮪魚貨源與技術，盧靖穎創業之初除了滿腔熱情，甚麼都沒有。二〇〇三年八月在飛雁專案課堂上初見她，聲若洪鐘說要在網路上賣虱目魚，我問她：「家裡有養虱目魚嗎？」「沒有。」再問：「家裡經營虱目魚食品加工嗎？」「沒有。」「那麼你要賣的虱目魚在哪裡？」「還不知道。」

十萬元無中生有的創業典範。（上）
虱目魚女王盧靖穎。（下）

沒職場經驗，沒大筆資金，不會電腦，又缺乏關鍵技術與資源，她的創業適性評量分數更是低得可憐。換做別的講師顧問，可能會勸她打退堂鼓，但我卻從她閃閃發亮的眼神中，看到了一個未來的創業明星。簡單來說，盧靖穎賣的不只是虱目魚，而是「一個台南女兒對家鄉美食的熱情」，「SABAFISH 府城館」英文品牌名稱由虱目魚的台語發音而來，而「府城館」則表達了她對故鄉的情感。她常把「要讓虱目魚魚躍龍門」這句話掛在嘴邊，而且以實際行動，歷經三個階段的事業轉型，逐步兌現承諾，我也有幸從她創業的第一天起，得以近身陪伴見證。

第一步：虱目魚創意食品

虱目魚的多刺讓許多人望而怯步，因此，盧靖穎創業尹始即嚴選虱目魚加工廠，要求廠商將虱目魚身上的二百二十二根刺除去，同時讓一條虱目魚變身多種商品。她認為現代人需要的是方便的烹煮方式，所以，魚肚、魚柳、魚膨、魚頭、魚皮，每個購買者可以各取所需。盧靖穎說：「東西好吃沒有撇步，產品新鮮最重要，魚新鮮稱為鮮味，不新鮮就叫做腥味。」因虱目魚產地在雲嘉南沿海，爲了保鮮，「SABAFISH 府城館」的魚貨皆於產地做分割處理後，以急速冷凍方式保鮮並宅配至客戶手中。

即便如此，虱目魚到處都有賣，「SABAFISH」的虱目魚有啥稀奇？「虱目魚還可以做出什麼創意？可以做水餃、香腸甚至冰棒嗎？」當時同爲顧問的 Ron 這麼問她。

沒多久，虱目魚水餃、餛飩、香腸、魚丸、魚鬆、煙燻魚肚、魚精、虱目魚香腸堡、虱目魚熱狗……等創意料理果眞陸續問世。因爲突破傳統虱目魚製法，迅速引發消費者對商品的新奇感，媒體來報導，加上跟著 SOHOMALL 到處擺攤辦試吃，網站開張不多時即吸引十多萬人次的瀏覽，許多人都想一嚐虱目魚水餃或香腸的口味，在網路上就這麼一傳十，十傳百地擴散出名氣，三個月就輕鬆回本。

在網路打響名號後，人氣延燒至實體。二〇〇五年獲百貨龍頭——SOGO 忠孝店之邀，參與寶島物產特展，首賣即創下當日營業冠軍的亮眼成績。一個要價六塊錢的虱目魚水餃消費者爭相搶購，翌年三月便受邀於 SOGO 超市上架。進駐百貨公司超市後，因應盒裝成本加價至每粒九元，買氣卻絲毫不減，單月銷售高達八百餘盒。事府城館創意美食。

Milkfish Essence
Milkfish Dumplings
Milkfish Boned Belly
府城館
Sabafish 府城館
Tainan has been known as the" capital of delicacies foods" in Taiwan, especially when it comes to milkfish cuisine . Sabafish CO., LTD was established in 2003. Concentrate in selling healthily and delicious Taiwan cuisine with professional development. SABAFISH? has already become Taiwan number one brand in milkfish innovation development and sales. Currently we have many products such as: Frozen Seafood,Frozen Food, Microwave Food, Health Food(At present has : Milkfish Sausage, Handmade Milkfish Dumpling, Boneless Milkfish Belly, Microwaveable Milkfish Congee and Essence of Milkfish). We are looking for worldwide partners who are interested in our products and willing to cooperate with us and create the business opportunities together.
Sabafish Co., Ltd.
7F.No.310.Sec.6.Zhong Xiao E.Rord.
Taipei.Taiwan
T +886-2-27824805
F +886-2-26516152
U www.sabafish.com
E service@sabafish.com
Milkfish Congee

實證明，只要堅持高品質，貼近消費者立場去做思考，就不必落入紅海市場的廝殺。虱目魚水餃、香腸、餛飩等麵食系列商品，由於料理便利快速，且魚的營養價值優於肉品，因此主要客群鎖定平常不吃豬肉、雞、牛、羊等的非素食人口、追求健康美味者、外食族等。

單純在網路行銷虱目魚創意食品，盧靖穎一度動心想跨足餐廳與美食街。明知這是極大跨越，但在算好風險管控的情況下，虱目魚還是遊出去冒了一個小險。就定位爲「實驗廚房」吧。「實驗廚房」同時販售各式虱目魚套餐，藉此建立客戶回饋機制，迅速讓產品有系統地標準化，雖然一年後因人力不足停止經營，但也成功扮演了與客戶深層互動的品牌接觸點。

品牌建立初期，我們認爲，身爲家庭主婦其實就是盧靖穎最大賣點，尤其她充滿南部人特有的熱情與親和力。在撰寫品牌故事時，便將她個人親切樸實與熱心服務的形象與產品品牌融合，而「虱目魚女王」化爲她創業初始的企圖宣示，也成爲「專屬關鍵字」，不但媒體屢屢採用嵌入標題，也成了消費者上網查詢循線而來的重要線索。

產品介紹則以媽媽經分享的角度切入，絮絮叨叨但字字句句發自眞誠體驗。例如，虱目魚水餃是特別爲她那挑嘴的「三口女兒」（指吃三口飯就停口）精心設計，而當盧靖穎看到市面上充斥各種品牌的雞精、蜆精等，讓她想起幼時母親常用虱目魚以炆火慢燉一整天成爲原汁魚湯，再以此熬湯煮粥給孩子補給營養。於是，她研發出虱目魚精，給自己的三個小孩吃，並跟其他媽媽們分享成果點滴。

虱目魚水餃。

虱目魚精。（上）
養生紅麴虱目魚香腸。（下）

第二步：保健美妝生技

虱目魚不僅是台灣美食，其魚肉、魚頭、魚皮、魚骨甚至魚鱗全身是寶，豐富的蛋白質、膠質、氨基酸、維生素、礦物質等都非常完整，是一非常珍貴高營養價值的魚種。二〇〇九年年府城館跨足保健美妝領域創立「SabaQueen」品牌，與台肥生技中心合作開發萃取虱目魚鱗之膠原蛋白，生產保健美妝系列產品。當年並入選為第一屆「品牌台北」廠商，積極邁開市場拓展腳步，跨足到電視購物通路引發熱銷，也透過淘寶網將產品銷往中國大陸，甚至開闢「SabaTaiwan」副品牌，引進其他嚴選台灣優質產品聯合行銷。

二〇一一年爆發塑化劑事件，業績一度受到影響，但她當機立斷，一方面將所有產品進行化驗，並將不含塑化劑之書面完整報告寄給老客戶以安其心；一方面與老人公益團體聯繫，免費贈送一千份虱目魚膠原彈力保健食品，活化產品流通。此舉果然得到共鳴，業績逐步回流，當年九月盧靖穎還成為總統在總統府接見的台灣之光系列人物之一。

虱目魚膠原蛋白。（上）

虱目魚文化館。（下、左）

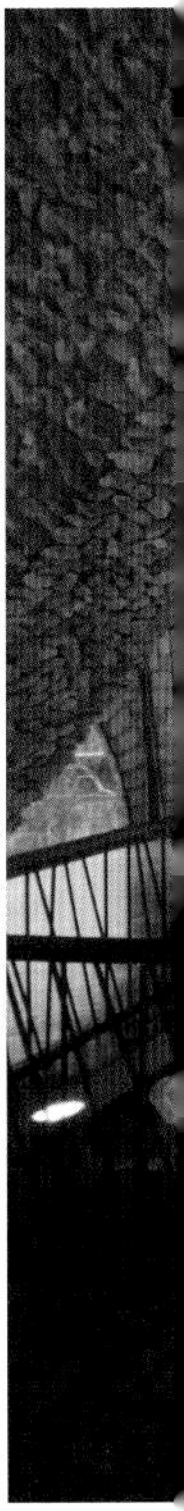

第三步：虱目魚文化館

虱目魚雖好，但這個產業靠天吃飯，養殖業者常受寒害魚群凍斃之苦。養殖成本高，加工費事，魚價卻無法拉高，導致虱目魚魚塭日漸萎縮，連帶上游飼料業者也受創。爲了解決產業鏈的隱憂，盧靖穎幾年前開始便構思在台南家鄉成立虱目魚文化產業園區的可能性，一方面透過文化體驗讓大眾更加體會虱目魚的寶貴價值，一方面整合上下游產業鏈，確保虱目魚持續維持高品質高產能。

此事工程浩大，大夢非一蹴可幾。建議她從文化館開始著手，以虱目魚爲主軸，結合美食體驗、歷史人文、綠建築、文創工藝、生態導覽與生態旅遊，不僅可作爲品牌旗艦基地，也成爲回饋鄉里的新觀光景點。慢慢聚集更多能量後，再逐步完成園區大業。經過數月幾番考察探訪，終於在安平區億載金城對面，幸運覓到原伍角船板餐廳舊址，還得到從事建築業的房東大力支持，當地養殖業者、文史專家、生態學者、文創設計師……也都一一入隊貢獻資源。

保留原有空間巨木樸石的奇特建築張力，加入了眾志成城的創意心血，虱目魚主題館於二〇一三年春節，開始魚躍龍門。

【品牌故事】

虱目魚魚躍龍門之旅——府城館

一個沒有職場歷練，沒有社會洗禮，不會搭公車、不會拿提款卡到ATM領錢的家庭主婦，也能利用網際網路創業？婚後當了十年家庭主婦的盧靖穎，憑著一腔對家鄉台南美食的熱情，以及不知江湖險惡的勇氣，突發奇想、顛覆傳統在網路賣起最local的虱目魚，讓尋常小吃登大雅之堂，打響了「SABAFISH府城館」虱目魚女王名號！

家庭主婦變虱目魚女王

盧靖穎自小在台南長大，愛吃虱目魚也懂得如何吃出虱目魚美味。嫁到台北後對於家鄉味更是魂牽夢繫，也覺得台北人不識虱目魚眞滋味。虱目魚就像台灣人的「家魚」親切平凡而美味，但因多刺往往讓人卻步，盧靖穎很想要讓現代都會人眞正瞭解且愛上虱目魚。於是她參加政府的創業課程，以十萬元資金起家，透過網路行銷，成立府城館，創立「SABAFISH」品牌。她期許自己成爲虱目魚美食提案家，致力創新開發行銷虱目魚商品，希望打破虱目魚多刺的刻板缺陷，而且不再只是地方特色產品，而能打造成世界性的商品。

虱目魚的台語和魚的英文組合成「SABAFISH」品牌名稱。盧靖穎將虱目魚身上的二百二十二根刺除去，以創意研發出虱目魚系列商品，虱目魚水餃、餛飩、香腸、魚丸、魚鬆、醃燻魚肚、魚精、虱目魚香腸堡、虱目魚熱狗義大利麵等料理新風情。盧靖穎深信：「東西好吃沒有撇步，產品新鮮最重要，魚新鮮稱爲鮮味，不新鮮就叫做腥味。」因此，「SABAFISH 府城館」所有商品皆採急速冷凍。因爲突破傳統虱目魚製法，迅速引發消費者對商品的新奇感，網站開張不多時即吸引十多萬人次的瀏覽，許多人都想一嚐虱目魚水餃或香場的口味，在網路上就這麼一傳十，十傳百地擴散出名氣，三個月就輕鬆賺回投資的十萬元。

低成本高效能是網路創業吸引人之處，但電子商務的交易是向電腦下單，少了人與人互動的情感，爲了彌補此不足，盧靖穎常在接單後親自回信給對消費者，藉此強化情感聯繫。除此，每個人對食品的口味喜好各有不同，微型創業者無法砸廣告做宣傳，因此，除了網站被動式的等待訂單外，盧靖穎也積極至各科學園區、學校等舉辦試吃會，站在第一線與消費者做接觸，並提供現場下單，促銷兼搏糯。

得獎記錄不斷

二〇〇四年經濟部《新創事業獎》，「SABAFISH」以微型企業之規模，打敗許多資本額大它數百倍的企業，奪得傳統產業組銀質獎及獎金二十萬元！翌年，盧靖穎又獲NGO組織邀請，赴紐約參加聯合國第四十九屆世界婦女地位委員會之經濟議題研討，就創業歷程做微型創業經驗之分享。二〇〇九年獲選為第一屆「品牌台北」廠商，二〇一一年還獲選成為總統表揚的台灣之光系列人物之一。

網路無國界，「SABAFISH」透過網際網路與他鄉的異客分享台南家鄉味，不僅行銷台灣，更與散居世界各地的饕客產生了互動。盧靖穎貼心為他們設計了各種方便飄洋過海的包裝方式，不時有客戶從海外回台，特地空出一只行李箱要裝滿府城館的虱目魚肚粥或水餃，有的原本準備送給其他親友，到了僑居地卻捨不得送出去。連不是土生土長於台灣的香港、新加坡華人都趨之若鶩，這些美食還曾搭了二十二小時飛機遠渡重洋到非洲去！

虱目魚其魚肉、魚頭、魚皮、魚骨甚至魚鱗全身是寶，豐富的蛋白質、膠質、氨基酸、維生素、礦物質等都非常完整，是一非常珍貴高營養價值的魚種。九十八年府城館跨足保健美妝領域創立「SabaQueen」品牌，與台肥生技中心合作開發萃取虱目魚鱗之膠原蛋白，生產保健美妝系列產品，希望讓國人透過攝取魚鱗膠原胜肽能夠輕鬆體驗健康自然美。

虱目魚除了好吃營養，更是一隻有故事的魚。虱目魚（Milkfish）俗稱安平魚，麻虱目，國姓魚，狀元魚，在台灣已有三百多年的歷史是台灣南部相當重要的養殖魚種，堪稱「台灣第一魚」。相傳鄭成功初登鹿耳門時，漁民歡迎獻以此魚，鄭問「甚麼魚」，後人謂國姓爺賜此魚「甚麼魚」，因而訛音為「虱目魚」。虱目魚對台灣南部人來說，不僅是謀生、發展農村經濟的重要產業，數百年來，虱目魚已經融入了南部人的生活之中，成了一種在地文化。

為了把這樣的文化傳揚光大，府城館於二〇一二年中旬開始在台南安平規劃虱目魚主題館，預計二〇一三年初開館。透過有趣的綠色空間，讓更多國內外觀光客到此一遊，嚐美味、補健康、學生態、賞文化，還可挑選特色伴手禮。

正如主題館外牆上的浮雕，虱目魚一躍而起，從寶島台灣遊向世界！

師奶賣魚 e網打盡

2008.05.20 壹週刊 _ 府城館

理財

女性創業 網路是新寵 餐飲是最愛

SOHO協會創業婦女調查：族群／46歲以上及失婚者比例大增

動機／「致富發財」首次超越「滿足成就感」

她的虱目魚 吃過說好才敢賣

10萬元本錢 3個孩子的媽 從試吃會打出口碑 1天賺3萬 百貨美食街「虛位以待」

注意賣椅腳

看好新成屋

八大房仲搶拓店

台中高雄很熱門

2004.04.02 聯合報 _ 盧靖穎

【成功秘訣】

家庭主婦如何成爲虱目魚女王？除了始終如一的熱情，還有以下幾個重要因素：

1.學習力—她深知自己專業歷練不足，因而比別人加倍努力學習，不管是上課、閱讀、向顧問請教，總是勤做筆記。就連原本一竅不通的電腦，也硬著頭皮練起一指神功，至少學會查閱網路訂單，回覆客戶 Email，指點助手更新網站內容。而懂得借助專業，向專家請益更是她多年不變的習慣，不管是該不該漲價、要不要開實體店、要不要進超商通路、供應商要不要換、新商品何時推出等等問題，每個月我們總有兩三次接到她拋出的題目跟她討論。即使現在已經身經百戰，自己都可爲人師，她依然好問如昔。其實有時她自己已有定見，我也了然她的意向，但透過反覆討論，執行時就更加豁然篤定。

2.行動力—相對於許多只說不做，謀而不動的創業者，盧靖穎劍及履及的功力非凡。昨天跟你討論戰術，今天就來報告戰果，目標一旦確立，就一路揮荊斬棘，勇往直前。而且遇到狀況會及時修正，快刀斬亂麻。

3.專注力—虱目魚就是她的創業主題，一路下來難得她不偏不離。她深知只要夠專注，就能畫地稱王。而且深度會帶動廣度，當她對虱目魚的相關專業鑽研夠深，新產品研發的點子便源源不絕，於是順水推舟踏入保健、美妝甚至文創領域。

4.服務力—她的秘密武器就是用一個媽媽關懷孩子的心情，去體貼照顧客戶，在不經意的細微處帶給客戶感動驚喜。因此，很多客戶變成了好朋友。

5.整合力—她向來口袋有多少錢做多少事，但同時又機靈懂得借力使力。不管是專業委外、策略聯盟還是政府資源，總是能夠說服整合各方資源，以小搏大。

更難能可貴的是，成功沒有讓她驕傲，保持一貫謙遜且無私助人，盧靖穎現在不只是成功的企業經營者，也成了深受歡迎的顧問業師。

案例2

以母之名復刻兒時記憶——招弟

「招弟」，一個為了紀念母親，憑空拔地而起的品牌。

二〇一〇年底，有個客戶告訴我會介紹一個人來找我「我想你們是唯一可以幫她的人。」於是見到了Renee。初見面時她很拘謹，說要請我們協助打造一個品牌，叫做「招弟」。「招弟」是她已過世母親的名字，創立品牌是為了追思懷念慈愛的母親，她還設計了一個Logo，一個可愛的小女生頭。問她產品是什麼?「還沒有決定。」只有品牌名稱和Logo，卻沒有產品內容，於是我不好意思地告訴她：「現在我們已經不接受新創事業委託案了。」

她開始細訴在台灣剛光復的窮苦年代，身為童養媳的母親，如何從小到大歷盡酸楚，卻要一路拉拔養大Renee和眾多兄弟姊妹。Renee甚至小學畢業就得到工廠當女工，儘管日子難熬，但媽媽總是想辦法讓他們免受飢寒，同時學著對生命抱持希望。說到兒時種種，Renee淚流滿面，同樣為人女兒，同樣思憶亡母，我也不禁眼熱。「做這個品牌，賺不賺錢是其次，但一定要讓我的母親感到驕傲，讓世人知道我阿母的好。」

招弟原始 Logo

修改後的招弟新 Logo

從萊喫餅生出產品

於是我們硬著頭皮接下委託，開始參與了「招弟」從無到有的感動旅程。甦活團隊經過小小市調並與創辦人 Renee 幾回感性深談後，決定將媽媽當年的窮困生活智慧，做爲品牌創意的源頭活水。而 Logo 上的小女生則修改爲台灣光復初期常見的西瓜皮造型，並以溫暖懷舊風點出招弟媽媽的生長背景。

首發商品取名為「萊喫餅 Let's Cookie」，將招弟媽媽當年常就地取材的鼠麴草、菜脯、金瓜、龍眼、香蕉、甘藷、芋頭七種天然本土食材，搭配風味樸實的糙米，形成特殊咀嚼口感的健康餅乾。每一個口味，都是一段難忘兒時記憶，如香香甜甜的龍眼乾，是Renee跟著招弟媽媽去附近人家幫忙洗衣時，老闆娘曾遞給Renee的零嘴。還有香蕉口味，當爸爸開著貨車出差返家，手中往往提著一串青澀的香蕉，讓招弟媽媽放進米缸。小朋友天天圍在米缸旁盼它早日熟成，當青色終於轉為澄黃，那甜甜軟軟的味道，代表了一種收成的幸福感，提醒著生命裡每個值得紀念的歡樂時刻！

剛開始，為了真正做到天然不添加，產品的口感難言美味，只有茹素習慣的人覺得好吃。但Renee不灰心，不改食材天然的原則下，試著換供應商，不斷調整口味，甦活同仁三不五時就會有產品試吃機會，大家也熱心建言。不只產品愈來愈好吃，包裝也日益精進。

取名「萊喫」，是為了呼應「招弟」想要傳達溫暖的台灣氣息。用龍眼，不用桂圓；用金瓜，不用南瓜；用甘藷，不用地瓜，都是循此腔調。而繼萊喫餅之後，「萊喫旺」誕生了。以傳統洗衣板為造型的鳳梨酥，用視覺與味覺帶領我們回到那台灣最質樸的年代。添加了聖女蕃茄乾的鳳梨內餡，酸甜口感特別，成了同仁口中第一名的鳳梨酥。接下來約兩年時間，「萊喫茶」、「萊喫菓」陸續誕生，產品線漸趨豐富完整，也擁有一致的輪廓腔調。

參展的減法美學

經過一年準備，該是曝光時刻。只有網站，沒有自己的門市，我們鼓勵「招弟」多去參展，才有機會被看見。限於預算，免費的政府展售活動如「城鄉禮讚 - 台北嘉年華」當然是首選，但深具伴手禮賣相的「招弟」，沒有亮相經驗，第一次出場既緊張又害羞，連媒體來採訪也有些手忙腳亂，但吸收了不少臨場銷售經驗。

爲了推廣洗衣板造型的新產品蕃茄鳳梨酥——「萊喫旺」，「招弟」接著參加「二〇一二世貿伴手禮名品展」，限於預算只用了一個 3×3 標準攤位。「招弟」的攤位雖然偏角落，但是兩面皆臨走道，佔去先天的曝光優勢。拋開一般熱鬧型佈置，甦活設計總監 Max 建議他們採用減法佈置，且用現成素材創意運用，果然在會場成爲一個迷你亮點。

一般常見的標準展售攤位，都以主辦單位製作的門楣，用以替代招牌也一目了然，這是最簡單不費工的品牌標示第一步；但是一排望去，每一家的門楣連成一線，統一規格輸出，造成視覺痲痺，如何能脫穎而出？Max 念頭一轉何不善用角落的優勢，把招牌高高架在隔板交會角上，於是「招弟」放上了自家的包裝箱，可愛的妹妹頭 LOGO 遠遠就能一眼望見。減去門楣、減去多餘支架，讓視線穿透，造成空間的放大效果，光線充足，視覺明亮，也因爲動線乾淨流暢，讓消費者樂於靠近。

「招弟」的品牌形象是現代感懷舊加上一點童趣，摒棄用老舊照片放大輸出貼滿牆面的常見做法，Max 建議以一張張小型黑白情境照片，家鄉的風景、阿嬤的雙手，穿插在產品照片中間，再以膠捲做框，呼應品牌也感動人心。運用畫框裝置牆面，中間不掛畫，卻吊上了「招弟」別具特色的包裝盒。再以包裝箱堆疊成展示檯，別緻精彩又能解決攤位克難的物資擺放問題，傳遞著文化情感，即使身處商業空間也彷彿置身藝廊。

系出苗栗苑裡的「招弟」，把家鄉的藺草也拿來佈置展場，惹得日本客頻問那是什麼東西？鄉下用的畚箕也變身成時尚的產品展示籃。

包裝箱架上隔板交會角，
變身醒目招牌。

創意運用現成物，以藝廊概念營造商展文化氛圍。（上）

鄉下畚箕搖身一變時尚的產品展示籃。（下）

商展卻以藝廊的概念營造空間氛圍、以品牌精神傳遞文化情感，置身其中，消費者深刻感受商品與店家的良情美意。此次參展，也讓「招弟」被一些文創通路相中，邀約入駐，「招弟」的笑臉至此開始傳揚世間。

【品牌簡介】

真材真心，人親土親

童眞往事歷歷，藏在那咬緊牙關卻充滿陽光的慈愛臉龐。

以母親之名，招弟復刻兒時記憶中難忘的鄉土溫情，

將最紮實的用料與用心，化爲單純的快樂與世間人分享。

萊喫呀 - 萊喫，彷彿阿母在灶腳聲聲召喚。

台灣首選伴手禮，就從「招弟」的純眞微笑中，

感受那蘊藏在台灣純樸精神中，堅韌憨厚、親切爽朗的生命力。

【商品文案選錄】

萊喫餅系列

一張笑臉，一份感念。

懷念招弟媽媽常用的天然本土食材，
鼠麴草、菜脯、金瓜、龍眼、香蕉、甘藷、芋頭，
搭配風味樸實的糙米，形成特殊咀嚼口感。

沒有欺瞞味蕾的機關，
只有食材的原味與糙米的懷舊香氣。

初見貌不驚人，細品回味無窮！
回歸大地賜予的單純滿足，Let's Cookie！
讓我們一起萊喫餅吧！

草仔粿菜啰餅

山坡上迎風搖曳的鼠麴草，是招弟媽媽製作美味點心的獨家法寶！
將草曬乾後和進糯米，再包入菜脯、蝦米或紅豆等餡料，
便是最受孩子們歡迎的草仔粿，那鹹香甘甜的滋味，在口中久久不散。
草仔粿風味的菜啰餅，選取口感溫潤的艾草取代氣味濃烈的鼠麴草，
完整封存招弟媽媽的巧手慧心，重現物質拮据的年代中，
生活裡所閃現的快樂時刻。

菜啰旺

一塊洗衣板，一份眞情感。

爲拉拔七個小孩，爲了餬口，
招弟媽媽四處攬活代人洗衣。
從早到晚，在洗衣板上不停搓揉，
沒有埋怨與憂傷，只有兒女快樂成長的盼望。

餅皮爲洗衣板造型，
內餡採關廟鳳梨與聖女蕃茄，不添加任何人工色素。
顛覆傳統鳳梨酥口感，以眞材眞心感念母親的辛勞與對兒女的摯愛。
酥軟香甜包裹著微酸，愛福惜福的人生滋味，
給懂得的人細細品嚐。

來喫餅。（上）
萊喫旺。（下）

【品牌故事】

復刻記憶中的媽媽味——招弟

從童工一路奮鬥成爲電子業女老闆，貧困早已成往事。但那咬緊牙關卻充滿陽光的溫暖臉龐，仍深深牽引著一顆不捨的女兒心。

Renee 的媽媽別名喚作「招弟」。就像是「罔市」、「罔夭」、「好仔」……一樣，是在台灣早期重男輕女思惟下的產物。媽媽生長於苗栗苑裡，從小被過繼爲養女，直到長大爲人妻、爲人母，幾乎沒有過過好日子。但窮苦並未帶來沮喪，反而鍾鍊出台灣女人獨特的堅強與韌性，尤其在孩子面前，她總是笑臉以對。

小學剛畢業的 Renee，因爲家境貧苦無法升學還得去工廠做工。上工的第一天，媽媽爲了讓她能「美美的」上班，拿了二十歲二姊的一件洋裝讓她穿上，無視於大尺寸洋裝套在十三歲小孩身上的滑稽，媽媽笑著滿口誇讚……。Renee 當時並不明白，媽媽心裡的那份不捨和百感交集。

Renee 在媽媽辭世後，回憶媽媽勞苦多舛卻仍甘之如飴的一生，於是決定以母親之名，創辦「招弟」品牌，復刻兒時記憶中難忘的媽媽味，將最單純的快樂與世間人分享。

招弟品牌的創立，來自於主人翁對媽媽深深的思念。於是，與媽媽相關的所有生活智慧，也就成了品牌創意的源頭活水。首波商品主打健康餅乾，命名爲「萊喫餅 Let's Cookie」，採用招弟媽媽常用的鼠麴草、菜脯、金瓜、龍眼、香蕉、甘藷、芋頭七種天然本土食材，搭配風味樸實的糙米，形成特殊咀嚼口感。每一個口味，都伴著一張笑臉，一份思念。

例如山坡上迎風搖曳的野生鼠麴草，是招弟媽媽製作美味點心的獨家法寶！將草曬乾後和進糯米，再包入菜脯、蝦米或紅豆等餡料，便是最受孩子們歡迎的草仔粿，那鹹香甘甜的滋味，在口中久久不散。再如龍眼乾口味還有一段故事：招弟媽媽常去附近人家幫忙洗衣，Renee 當媽媽的小跟班，老闆娘常常遞給她幾顆香香甜甜的龍眼乾，那彷彿是來自天堂的美味。好吃的龍眼乾飽含著古早人情溫暖，以及兩位臺灣女性間的體恤與疼惜。餅乾的包裝設計則融入招弟故鄉苑裡的地方特色-藺草元素，放一份溫馨的地方記憶在慢食樂活當中，是對媽媽無盡的想念，也是深耕台灣的溫暖心願！

同事口中的這位「正妹老闆」Renee，完全承襲了媽媽的堅韌與勇敢。Renee 充分掌握了製造業的本質，對於瑣碎、細緻的細節，她總是堅持而謹慎。她所領導的創意團隊，透過各色各樣實用有趣的創意點子，彷彿與溫柔敦厚又帶點小聰明的媽媽超越時空展開對話。從邀請大家作夥「萊喫餅」開始，招弟想要在食、衣、住、行……等日常生活中，不斷創造有台灣味的幸福與快樂芬多精，發揚「招弟精神」。

甚麼是「招弟精神」呢？Renee 說，就是一種即使在困苦的環境裡，依然保持樂觀，充滿無窮希望的精神。「招弟」就像台灣女人堅韌的生命力，經歷考驗，依然堅強，依然充滿希望。就像母親帶給她的愛，猶如和煦冬陽一樣，總是爲她的生命帶來努力的動力和溫暖。

二、老字號注入新生命

ＬＳＹ，一個化妝用品界初嶄露頭角，卻一鳴驚人的彩妝刷具品牌，年紀很輕，做工很精，很快在彩妝刷具世界中取得一席之地。

林三益，一個製造毛筆的指標品牌，清末民初於福州創立至今，歷史已逾百年，會寫毛筆字的台灣人，對這個名字再熟悉不過。

也許很難相信，亮眼時尚的ＬＳＹ居然是由古意盎然的林三益脫胎換骨而來……。

賣文房四寶的林三益，經營型態如果不動如山，未來前景必定堪憂。但前路暗藏難測風險的，何止百年筆店？

廚房裡，戴著口罩的年輕師傅們，沉默俐落飛快動作著。大鍋熬煮著金黃餡料，師傅們揉捏麵團、包裹餡料，一個一個壓模成形後，刷上奶水送入烤爐裡，一股親切熟悉的奶香甜味撲鼻而來……

這是以老婆餅打出名號的三十年糕餅老店——三統，當第一代逐漸交棒，接手的三兄弟也開始思考如何讓傳統糕餅走出不一樣的路，變身成更能迎合現代口味與需求的時尚點心。於是眞誠直率的三兄弟，一邊傳承了父親的古意性格與經典手藝，一邊發動了一場漢式糕餅的輕甜革命，嶄新的「三統漢菓子」於二〇一三年問世。

「店裡的生意其實一直都還不錯，但我知道再不改變就會坐以待斃。」率先倡導起義的小弟如是說。

「三統漢菓子」不是特例，經營三十年以上的老字號通常已經到了交棒階段，但如今企業面對的不只是世代交接，而是存亡大計。

三、四十年前正是所謂「台灣錢淹腳目」的年代，各行各業勃興，只要肯認眞打拚，開工廠、開店、擺攤……，創業賺大錢不是難事。而今物換星移，榮景不再，事業體根基不穩的，早就一一拉下鐵門。而體質良好存活下來的，則紛紛面臨交棒問題。有些是下一代無心接手，只好拱手轉售或過一天算一天；而即使後繼有人，關於事業未來何去何從，也嚴重考驗上下兩代的眼光視野與溝通默契。

在過去美好年代，老一輩經營者只要注重信譽，廣結善緣，生意自然興隆。而今的市場，不但競爭者眾，而且是跨業種競爭、跨國界競爭；加上資通數位科技日新月異、消費模式千變萬化、景氣起落驚心動魄……，新一代經營者的挑戰不可同日而語。產品要不斷創新，包裝要講究質感，通路要積極開拓，要懂得網路社群行銷，更要塑造品牌特色……，這些功課都不是當年起家的父母親那一代所能想像。

所以很多小型企業世代交替時，具有危機意識的第二代不是接班，而是二次起家或品牌再造，把自己重新歸零。

進行品牌再造，除了網路與社群媒體是行銷基本配備，老字號得同時發動一些創意小革命，才能擺脫家傳事業逐漸凋零的宿命。以下是這兩年來參與老字號整型改造的一些常見路線與案例：

1.產品變革—除了線性思考研發新產品或做改良，如「三統漢菓子」將漢式糕餅小巧精緻化；有時得跳躍創新，如「LSY林三益」更從筆毛專業延伸，從毛筆業龍頭變成彩妝刷具新秀。

2.美學導入—即使產品沒有大幅度變臉，整體門面與形象卻一百八十度翻轉。如「北投齊雞」從菜市場老店翻身為北投名店；牛軋糖老店「輝松」多了時尚感包裝。

3.人文深化—歷史痕跡與人物流轉塑造了老店的傳奇。但這些人文印記如何轉化成品牌魅力？「有記名茶」以琴棋書畫詮釋茶韻，「明星咖啡」則融入第三代的畫作，再造台北文學地標，吸引了新一代文青造訪。

4.通路轉型—「上海老天祿」進軍百貨商場輕巧設櫃、「玉美人」創立孕婦裝觀光工廠，老字號接觸顧客的管道，可以與時俱進。

5.訴求調整—要跟上時代腳步，產品的訴求也得調整更新。如二〇一二年「品牌台北」廠商「快車肉乾」從南門市場起家，隨著飲食觀念改變，第二代推出輕肉食主義，讓肉乾也能有樂活新吃法；另一家廠商明山茶行則從老牌平價批發轉型，年輕接班團隊自創「明山茶集」品牌，向消費者推薦店內自豪的拼配茶款，以及簡單沖泡就能體會四季茶香的輕鬆旋律。

當市場遊戲規則不變，老字號只能上下一心，舉旗起義，才能延續生機。

案例3

台北永恆的文學地標第二章——明星咖啡

三十年前，我在木柵念大學，每一兩個月東摳西摳省下一些零用錢，總會去一趟城中區。先到明星咖啡二樓，坐下來點杯咖啡，期盼撞見心儀的作家。而後逛逛城中市場，到世運麵包買倫敦糕，或去重慶南路看看上架的新書。

三十年後，因緣際會接下「品牌台北」專案，於二〇〇九年成了「明星咖啡」的品牌顧問。當年曾遊逛的許多店家早已消失，而還活著的，經過三十年時間推移，有斑駁、有塵封，更有歲月醞釀成酒，記憶濾過渣滓之後，變成的順口陳醪，叫做「文化」。

明星咖啡是台北市西區六十年的老字號，當年落難白俄貴族與十八歲台灣少年的合夥因緣，傳爲佳話。一樓是明星西點麵包廠，二、三樓是咖啡館，俄籍創始股東引進的獨特俄國餐飲與糕點，在台北餐飲界獨樹一格，歷年來吸引富商名流，與蔣家更有深厚淵源。而始自詩人周夢蝶樓下擺攤的因緣，明星咖啡成了文人墨客的集合殿堂，不

當年詩人周夢蝶（左）樓下擺攤，而有了一杯咖啡八顆方糖的故事，右為老闆簡錦錐。（上）

當年文人墨客又齊聚一堂。（下）

僅留下許多精彩的名人軼事，更增添明星咖啡的文藝特質。

二、三樓咖啡館其間一度停業達十五年，直到二〇〇三年一場火災，舊日粉絲連署奔走下，咖啡館浴火重生，老闆簡錦錐的女兒簡靜惠自美返台，接手經營。暫停營業期間屢屢有人到麵包店來探問，樓上咖啡館何時重開？復業後，一批老顧客回來了，文人的談笑聲再次迴盪。然而市場已經大異，新潮咖啡館到處林立，年輕人多不認識周夢蝶、白先勇，遑論明星咖啡？加上樸實低調的簡氏父女並非精明商人，重新開幕後的明星咖啡面臨經營挑戰。就在創立滿六十年的二〇〇九年，明星咖啡的專書出版了，書名叫「武昌街一段七號」，如何趁勢重現台北文學地標的魅力，成了品牌改造的重點。

首先，在多面向的歷史背景之中，每個剖面的明星咖啡看似皆很吸引人，但若無清楚論述表達，很難凝聚明確鮮明的品牌形象。此外，無論就店面內外裝潢陳設，還是網站的的設計與內容，都未彰顯出明星深厚的歷史人文資產，而包裝紛然雜陳，CI 設計圖樣、字型、顏色、排版等也不統一。

網站原本有官網與商店街，官網由網站公司一手架設，內容不多，也看不出人文意涵，且礙於後台技術，明星咖啡內部人員不便更

老闆簡錦錐的女兒簡靜惠讓明星咖啡浴火重生。（上）

2009夏日，某個角落白先勇就著書品味咖啡。（下）

新，造成整個網站停滯不前，形同虛設，而且用「明星咖啡」關鍵字居然連搜尋引擎都找不到官網。商店街則以明星西點麵包廠為名，商品文案難以呈現俄國皇家級糕點之特色，以上種種都不利品牌經營。

我從簡老先生口中探挖昔日文人種種趣聞，又從早被封箱的陳年資料中，拾起一張張泛黃照片與珍貴墨寶。哪一張桌，是詩人周夢蝶最喜沈思的角落？他的咖啡為何加八顆糖？哪一張桌，留下了當年黃春明邊寫稿，邊為兒子換尿布的痕跡？哪一張桌伴隨白先勇勾寫《臺北人》輪廓？

為了串連過往今來，建議以「文學的明星」為品牌主軸，並將「台北永恆的文學地標」做為SLOGAN與品牌願景，讓明星咖啡繼續以美

新定位「台北永恆的文學地標」讓現代文青開始絡繹造訪。

食與咖啡香吸引一代又一代的文藝青年絡繹於途。而在品牌塑造上，爲了貫徹前述形象，品牌故事重新撰寫，網站也重新改版建置。品牌官網以美食明星、烘焙明星、歷史明星與文學明星四大分類爲架構，並將塵封的珍貴老照片與文人題書明星的墨寶上架到網站上。

同時鼓勵他們努力經營電子商務與臉書，並以非尖峰用餐時段之餐券參加團購活動，加強與年輕網友互動，順便帶動烘焙類商品之網路銷售業績。蔣方良女士最愛的俄羅斯軟糖，如今已經成了網購熱門商品。

實體空間氛圍的塑造呢？在每一個桌位加上一個小立牌，配上故事與老照片，告訴來者這是哪一個文人或名人最喜歡的座位。例如周夢蝶最喜歡的靠窗座位，擺著詩人的照片以及「詩人與八顆方糖」的小故事。餐紙上，則有短版的品牌故事，敘述明星歷史風華。來此用餐，不只享用俄羅斯美食，也是一種文學朝聖。此舉果然吸引了年輕一輩的文藝青年，來此體驗並撰寫成部落格，也爲明星做了免費傳播。美食，到處吃得到；文學，可是明星咖啡特有的佐料。

簡靜惠的兒子李柏毅是有自閉傾向的天才畫家，那年不滿二十歲的他已初露鋒芒，充滿想像張力與鮮麗色彩的畫作，不只可在明星的

每個桌位上的名人故事與老照片，讓文學成為明星特有佐料。（右）

蔣方良女士最愛的俄羅斯軟糖成為網路行銷的藥引。（左）

牆上生輝，我建議就用柏毅的作品去設計新的產品包裝。李柏毅代表著新生代的藝術家，開啟明星藝文歷史新頁。

另外，設計顧問重新規劃一樓西點麵包與二三樓咖啡店之門面，以及CI、包裝之統一，明星咖啡在「品牌台北」協助下，以一種新舊並蓄的人文風華，招徠各個世代的消費者羽扇綸巾，品味極致獨門美食。

第三代李柏毅的創作開啟明星藝文歷史新頁。（上）
李柏毅臨摹明星咖啡的舊景。（下）

【品牌簡介】

咖啡、美食、異鄉人與文學的六十年纏綿之旅……

六十年前，一個十八歲的建中畢業生與六個年紀比他大三輪的俄羅斯人，把「明星咖啡館」從上海霞飛路七號搬到台北武昌街一段七號，從此開啓了明星一甲子的璀璨歲月。美味的俄羅斯餐點與俄國皇室御用糕點，撫慰了無數包括蔣方良女士在內的俄羅斯同鄉，也風靡了講究美食的達官貴人。

而因爲詩人周夢蝶在咖啡館樓下騎樓擺書攤的傳奇因緣，明星咖啡更成了台灣近代文學的重要地標，孕育出許多文壇巨擘。白先勇說：「台灣六十年代的現代詩、現代小說，羼著明星咖啡館的濃香，就那樣，一朵朵靜靜地萌芽、開花。」

這是一個充滿故事與美食的空間，無論是歷史的明星、文學的明星、美食的的明星還是烘焙的明星，都值得您細細咀嚼，回味再三。

【品牌故事】

台北永恆的文學地標——明星咖啡

六十年前，一個十八歲的建中畢業生與六個年紀比他大三輪的俄羅斯人，在台北武昌街開啓了明星一甲子的璀璨歲月。

俄國皇族的西點奇緣

故事要從更早說起。一九一七年俄國共產黨發動革命，一位出身貴族的俄國沙皇侍衛隊指揮官 Elsne 艾斯尼，跟著軍隊奮戰不敵之後，一路輾轉流亡到上海。此時他的同鄉布爾林於上海霞飛路七號開設「明星咖啡館」，後來艾斯尼跟隨國民政府到了台灣，因緣際會下認識了當時年僅十八的簡錦錐先生，結爲忘年之交，且跟幾個俄國同鄉，包括布爾林在內，於一九四九年在台北武昌街一段七號合作經營「明星西點麵包廠」，並於麵包店二樓開設「明星咖啡館」。「明星」是從其俄文店名「Astoria」而來，「Astoria」是俄語「宇宙」之意，明星正是星海中最美麗的那顆星。

美味的俄羅斯餐點與糕點，撫慰了無數包括蔣方良女士在內的俄羅斯同鄉，也風靡了講究美食的達官貴人。每天下午四點、五點，不少使節高官的黑頭車紛紛來到武昌街，等著在第一時間購買剛出爐的麵包。蔣方良每回必嚐的「俄羅斯軟糖」，可是當年俄國皇室御用的點心。這些故事都讓明星在台北人的心中增添不少神秘的傳奇色彩。

詩人的八顆方糖

明星一開始吸引的是來自中國大陸的高官、商人，畫家們像是郎靜山、陳景容、楊三郎、顏水龍也常來聚會。到了一九五九年，詩人周夢蝶在咖啡館樓下騎樓擺起小小的書攤，引來一些愛好文藝者聚集。往後二十一年，這裡成了動人的台北文學傳奇。時光雖匆匆，但至今還是不少人記得騎樓下的消瘦黑衣詩人。書攤營收有限，詩人曾一度餓昏倒地，簡先生伸出善意援手供他熱食，傲骨詩人卻堅持自己買單。只能喝得起一杯咖啡，或許太苦，也或許爲添增飽足感，周夢蝶於是加了八顆方糖，這杯咖啡最後是苦是甜，只有詩人肚裡分明。

這因緣從此開啓了明星咖啡館與作家的相知相惜。許多人在騎樓

裡的老家具們依然安好。或許，正是時候到了吧，加上火災挑起了機緣，明星咖啡在眾人期待下復活。二〇〇四年五月，消失十五年的明星咖啡館回到台北了。

重現文學地標風貌

現在的明星，試圖重建當年的原貌，用的是老桌椅，開心迎進老客人、新客人。屋裡隨處拾起，都是一塊塊的歷史拼圖，拼湊起近六十年來的歲月。依然羅曼蒂克，依然燈光溫柔，看著明星咖啡館簡錦錐笑言，這裡是相親好地方。暫停的時光沒有造成任何的距離。然而，有些時代、有些世代已經走遠了。老客人回來點上一杯咖啡，追憶似水年華，也有祖父母帶著孫兒，來到他們年輕時駐足的地方，讓故事一代代延續下去。

而當年的少年家常客，有不少已是文壇或藝壇巨擘，他們也回來明星舉辦活動。如林懷民、陳若曦等人，在復業後的明星三樓不時煮咖啡論劍。文藝青年兩鬢已斑白，但豪情不減當年，也讓文學氣息再度與咖啡香相遇。

琴棋書畫再現百年茶香——有記名茶

有記名茶爲百年老字號，位於大稻埕的店址是古蹟級建築，加上後方保留炭焙古法製茶的「焙籠間」焙茶工廠與二樓藝文空間，「有記」已經打響「活的茶博物館」之美名，店內來客不絕。

目前「有記名茶」主要經營者是第四代傳人王連源，第五代也已經開始參與店務。人人對店內歷史與茶葉相關知識都朗朗上口，導覽解說生動活潑。嚴選毛茶加上製程嚴謹，先冰後焙，有記出產的茶自成一格，口感絕佳。文山包種、奇種烏龍、鐵觀音與高山烏龍是店內熱賣茶款，進店之人經導覽介紹加上試飲後，即使沒有喝茶習慣者，無不人手一袋，滿載而歸。

但之前進軍百貨公司或網路商城，成績均不如預期，跟店裡洶湧人潮與買氣成鮮明對比。問題出在哪裡？

文山包種、高山烏龍、鐵觀音……，到處都有得買。也許茶區、緯度、天候、品種、種植或烘焙的方式不同而致品質有極大差異，但名稱與包裝若無明顯區隔，一般人難識玄機，如何分辨？何況一般對茶葉的形容不外「極品」、「澄澈」、「清香」、「喉韻」、「回甘」、「醇厚」……等字眼，消費者漸漸無感，也難以辨識是誰家茶香。

「有記」雖有現場說明講解，但缺乏具專屬性之行銷論述，以致消費者往往得到了店裡實際體驗品嚐，才得以窺其妙處進而購買。產品一旦離開這個充滿人文的場域，便跟一般茶葉沒有顯著差異，以致少了魅力。「人進」沒有問題，「物出」是有記最大挑戰。

如何透過有系統的論述，以及傳神的文字勾勒，讓更多消費者未進有記，未嚐茶韻，卻能先聞其香，進而將「有記名茶」與「高質感之人文茶品」劃上等號，是二〇一〇年時對「有記名茶」品牌型塑重點。

首先針對有記特有的製茶技術取一個專屬名詞，加以論述。例如：「清源烘焙法」，「清」字乃王連源父親名諱，「源」字則取自王連

百年歷史的焙籠間。

源本人名字。清源烘焙示意製茶的過程，重視茶的根本源頭，以火去水淬煉出穩定茶質。

王連源雖然學的是會計，但見他經常一襲唐裝，滿腹茶經。店裡牆上處處可見書法字畫，原是檢茶場的二樓，還有弦管琵琶，到了假日會舉行免費的南管演奏會，由王連源所贊助的南管樂團演出，可以想見他對傳統文化之孺慕。

幾次造訪都深有所感，主人與店裡濃厚的藝文古風與人文氣息，讓我靈感呼之欲出。於是挑選店內四款主力茶葉，以琴棋書畫分別命名，並巧妙將製茶過程、茶葉的風味與口感加上人生體會融於一爐，以琴棋書畫加以比喻，將茶葉提升爲文創商品。

琴韻・文山包種

輕攏慢撚，婉轉悠揚
間關鶯語，流泉下灘
宜低吟，宜高吭
半似清狂，半似惆悵
一曲迴旋，喉間繞樑

文化茶人王連源。（上）
王連源一襲唐裝，滿腹茶經。（下）

說明：1. 前兩句典出白居易的《琵琶行》——『……輕攏慢撚抹復挑，初爲霓裳後綠么……間關鶯語花底滑，幽咽泉流水下灘……』，形容琵琶樂聲婉轉悠揚，忽慢忽快，忽低忽高。也適合形容文山包種多層次而婉約的茶韻，以及挑茶、揉茶、焙茶等步驟的堅持與細膩。

2. 「半似清狂，半似惆悵」典出李商隱的《無題》詩——『……月露誰叫桂葉香，未妨惆悵是清狂……』

棋心・奇種烏龍

冰火輪迴，起伏滋味
門外兵馬，壺中水沸
成敗總迂迴
舉棋，起手無回；把杯，無酒也醉
相約楚河，共飲明月

說明：以下棋比喻奇種烏龍茶歷經冰火，起伏繁複的製作過程，也形容起起落落的人生，更用來比喻迭有層次的茶韻。而有好茶如此，足可拋開成敗，忘卻敵我，相約在楚河漢界休兵品茗。

書痕．鐵觀音

懸腕走筆，漢隸雍容
書被催成，墨色正濃
狂草入喉有如奔雷飛鴻
飲盡風霜無關筆劃輕重

說明：1. 王連源泡茶姿態極爲熟練優雅，爲來客一一往杯中傾注茶湯時，手勢有如懸腕走筆，故有此聯想。
2. 漢隸、狂草皆爲書法體，一穩一疾，以之形容茶韻層次。「奔雷、墜石、鴻飛、獸駭」則爲魏晉書法美學上的比喻，用來形容狂草的速度與激昂。
3. 「書被催成，墨色正濃」典出李商隱的《無題》詩——『……夢爲遠別啼難喚香，書被催成墨未濃……』

畫影・高山烏龍

邀茶味揮毫，舌尖生花
叫茶韻潑墨，杯中春夏
引暗香浮動，疏影橫斜〈ㄒㄧㄚˊ〉
攬閒情上色，濃淡皆佳

說明：『引暗香浮動，疏影橫斜』典出北宋詩人林逋的《山園小梅》——『疏影橫斜水清淺，暗香浮動月黃昏』，強調高山烏龍特有的自然花香

新的命名與文案一出，王連源激動稱賞。我想，這是他盤旋在腦中已久的茶文化意境，只是苦於無適當詞彙表達，我只是借取古人靈光，助他將心儀的意象形諸文字。接著新的Logo出爐，以有記的「有」字化爲焙茶的竹焙籠造型，點出百年製茶的特色精神，而平常就鑽研網路的王連源，立刻著手更新網站內容，而在設計顧問的建議下，新的設計包裝也陸續出爐，以華麗時尚感呼應古韻。王連源還依琴棋書畫之新名，印製一套四款書籤，隨著茶品送給知音客人。

這樣的文化內涵論述，讓有記的茶葉有了獨特的韻味，也快速走了出去，現在台北、高雄的百貨公司都設有門市。而慕名來老店參觀的人更多了，每天總有來自日本、韓國、大陸等地的觀光客上門，還有大中小學甚至幼稚園學生來參訪。有記工作人員不問來者國籍、年齡，不問是否要買茶，總是親切帶領解說，徹底實踐推廣茶文化的品牌使命。

「琴、棋、書、畫四藝融入飲茶生活，是下一個世紀，有記在推廣茶文化、服務廣大愛茶人的另一個使命。在忙碌科技新世代，飲茶不只是保健需求，人們還要追尋心靈的寄託與享受。對一個老茶人，常碰到的問題之一就是：不同的茶類，有什麼不同的味道？所有的好茶，從感官的感受，都是形美、味香、韻甘，今天我們針對本號非常受歡迎的四個茶種賦予另一詮釋。……琴韻、棋心、書痕、畫影，帶您跨入飲茶新境界，如詩的感動，邀您共賞，品味經典好茶，就在『有記』。」

以上這段文字出自王連源老闆手筆，字裡行間或可窺見文化茶人的熱血心腸。

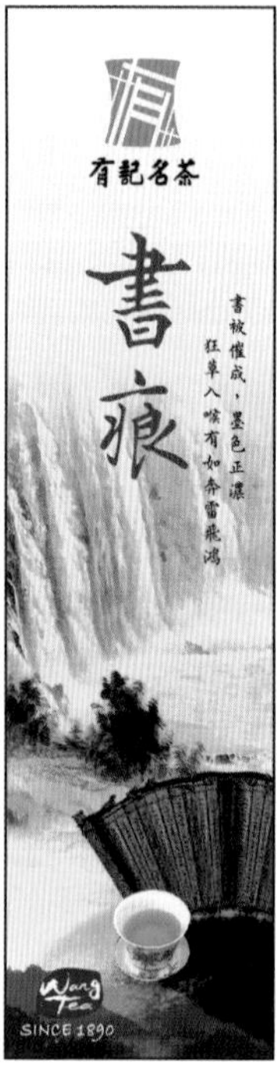
有記名茶
書痕
書被催成，墨色正濃
狂草入喉有如奔雷飛鴻
Wang Tea
SINCE 1890

時尚人文 百年茶韻
鐵觀音
尊重自然 堅持古法 執著文化
如詩的感動 邀您共賞
品味經典好茶 就在 有記名茶
推薦本號 重焙火的鐵觀音茶湯如書法美學般優雅
一飲入喉 讓您忘卻人生百憂
Tei Kuan yin
有記名茶
台北大稻埕有記名茶股份有限公司
台北市重慶北路二段64巷26號
(02)2555-9164
高雄店 高雄漢神巨蛋百貨B1
www.wangtea.com.tw
http://www.facebook.com/WangTea

有記名茶
畫影
邀茶味揮毫，舌尖生花
叫茶韻潑墨，杯中春夏
Wang Tea
SINCE 1890

時尚人文 百年茶韻
高山烏龍
尊重自然 堅持古法 執著文化
如詩的感動 邀您共賞
品味經典好茶 就在 有記名茶
推薦本號 精製高山烏龍茶特有的花香與喉韻
環顧市場風味獨特 熟香 清香共好兩相宜
High Mountain Oolong Tea
有記名茶
台北大稻埕有記名茶股份有限公司
台北市重慶北路二段64巷26號
(02)2555-9164
高雄店 高雄漢神巨蛋百貨B1
www.wangtea.com.tw
http://www.facebook.com/WangTea

「琴韻、棋心、書痕、畫影」
寓情於茶，各表況味

有記名茶
琴韻
輕攏慢撚，婉轉悠揚
一曲迴旋，喉間繞樑
Wang Tea
SINCE 1890

時尚人文 百年茶韻
文山包種
尊重自然 堅持古法 執著文化
如詩的感動 邀您共賞
品味經典好茶 就在 有記名茶
推薦本號清香的文山包種茶
茶韻豐富而婉約如古琴樂聲婉轉悠揚
WenShan
Pouchong
Tea
有記名茶
台北大稻埕有記名茶股份有限公司
台北市重慶北路二段64巷26號
(02)2555-9164
高雄店 高雄漢神巨蛋百貨B1
www.wangtea.com.tw
http://www.facebook.com/WangTea

有記名茶
棋心
冰火輪迴，起伏滋味
相約楚河，共飲明月
Wang Tea
SINCE 1890

時尚人文 百年茶韻
奇種烏龍
尊重自然 堅持古法 執著文化
如詩的感動 邀您共賞
品味經典好茶 就在 有記名茶
推薦本號 以繁複焙火技術淬鍊的奇種烏龍茶
迭有層次的茶韻
足以讓您拋開人生起伏成敗 休兵楚河漢界
Chi Chong
Oolong Tea
有記名茶
台北大稻埕有記名茶股份有限公司
台北市重慶北路二段64巷26號
(02)2555-9164
高雄店 高雄漢神巨蛋百貨B1
www.wangtea.com.tw
http://www.facebook.com/WangTea

有記名茶

台北大稻埕 Wang Tea TAIPEI 1890

新 LOGO 以「有」字竹焙籠造型，
點出百年製茶的特色精神

【品牌簡介】

以人文淬煉百年茶韻　用平實分享千里鄉親

尊重自然、堅持古法、執著文化……，百年淬煉出「有記名茶」特有的茶韻。清香的文山包種就如婉轉悠揚的「琴韻」，一曲迴旋，餘音繚繞。奇種烏龍宛若「棋心」，起手無回，無酒也醉。鐵觀音恰似「書痕」，如狂草入喉，飲盡風霜無關筆畫輕重。高山烏龍好比「畫影」，引暗香浮動，濃淡皆佳。如詩的感動，邀您共賞，品味經典好茶，就在「有記名茶」。

【品牌故事】

一縷茶香，百年繞樑——有記名茶

阿公站在船頭，親自監督著所有的茶箱一一裝上船。

那一年，五十萬斤的包種茶，風光地從淡水河出發了！

我望著阿公問：五十萬斤，那是多少啊？

阿公笑著講：五十萬斤喔，夠咱台北人呷一冬！

十九世紀後半開始，「南糖北茶」成爲台灣外銷的驕傲。北茶說的即是今日「台北大稻埕」一帶，在輝煌的全盛時期，當地聚集了約兩百多家茶行，而「有記名茶」正是當中的代表。

來自福建安溪的百年製茶世家

座落在大稻埕朝陽茶主題公園旁，大紅磚交錯洗石子的外表，樸實卻又特出。靛藍色的鐵牌打印著「〇〇〇五」，定睛一看，這裡竟是台北市登記第五號工廠！青綠藤蔓纏綿攀繞在招牌上，走入古樸的建築，老樑舊牆，朦朧的毛玻璃，彷彿有種時空錯置之感。陣陣茶香撲鼻而來，歡迎你走進百年歷史「有記名茶」！

有記名茶來自福建安溪產茶世家，目前掌舵的經營者王連源是第四代。他的曾祖父王敬輝於一八九〇年在廈門開設「王有記茶莊」，到了一九〇七年，因台灣茶葉出口盛行，祖父王孝瑾渡海來台開拓市場。著眼大稻埕在當時得淡水河水運之便，因而選定在此落腳。父親王澄清十七歲時，來台接手事業，從此奠定了百年茶行在台灣的基礎，故事開頭中的阿公就是他。茶行至今仍保留早年外銷泰國的英文、泰文商標。外銷的木頭茶箱，一頭刷寫著 FORMOSA 的驕傲，另一邊的「有記選庄」則是品質與信譽的保證。

去蕪存菁，毛茶變好茶

將茶精製，是有記傳承百年的絕活。但甚麼是精製茶？王連源說道：「簡單的說就是毛茶加工。」所謂毛茶，就是初步加工製成的茶。當茶農將採下的茶葉，經過萎凋、殺菁、熟捻與初步烘乾的過程後，即成「毛茶」，其缺點在於規格不一，品質參差，含水量比例較高，容易走味。因爲沒有經過焙火，喝了容易會使人胃不舒服。

爲了得到眞正好茶，就必須再多幾道手續。毛茶進了有記，首先必須鑑定分級，不合格的還會被退貨；接著　是篩揀剔除的功夫，到現在，茶廠裡還留有當時木作的風選機。然後 在兼顧「香氣」與「喉韻」下，去蕪存菁，截長補短以提高成品品質，最後以「焙火」提高茶韻，豐富茶的風味，並能延長、穩定茶葉的保鮮時間。爲了確保茶葉品質，有記還特別將寸土寸金的空間隔出三座大型冰庫，來保存茶葉。

「小時候茶行二樓是撿茶場」，王連源回憶著，「每天大概有四十多名女工在撿茶，小朋友則在一旁玩耍，熱鬧極了。」

溫柔炭火烘出一室茶香

有記能在精製茶業中享有盛譽，關鍵就在擁有六十幾年歷史的祕密武器——焙籠和炭坑。除了以電腦控制的新式電焙機焙茶，「有記茶行」仍保持以炭火慢焙的傳統焙茶方式，成爲台北還在完整運作的「焙籠間」。該「焙籠間」建構於日治時期，當時焙過火的茶置入側面茶倉就像一座小山丘。迄今茶廠仍舊保留四十多個焙籠，一個個排在炭坑上，上面還有陳舊的墨跡，寫著「有記」兩個大字。

王連源強調，炭火慢焙出來的茶香與電動烘焙完全不同。他還記得，當年對街的洗衣店常把衣服送來焙籠間烘乾，烘好的衣服總是茶香四溢，洗衣店的生意還因此變得特別好。

而這個幾近失傳的炭焙技藝，還有個好聽的名字，叫做「清源焙茶法」。溫柔的炭火，純淨地烘托出多層次的自然茶香，有時帶蜜香，有時帶蘭香，每一泡、每一杯都有不同驚奇。他逗趣地說：「焙火獨到，烏龍就會很烏龍，包種就要包她香，我們做出對的茶，鐵觀音也會保佑。」

老店新出發——實在又時尚的有記

三十多年前，茶出口的沒落，使大稻埕的茶行紛紛外移，有記是少數僅存的老店，鑑於當時台灣經濟已經起飛，喝茶人口增加，有記決定改變經營方向，以內銷爲主，並打出品牌。除了改裝老茶廠增加內銷門市外，並陸續於台北市濟南路（目前由老二王端國經營）及長春路（目前由老四王端祥經營）開設內銷門市，但是，隨著罐裝茶飲和珍珠奶茶的興起，吸引了年輕人的目光，讓傳統的飲茶文化面臨挑戰。

學的是會計，王連源卻深具文人氣質。爲了吸引更多人跨進有記，他在幾年前進行了大幅翻修，將製茶的古老工廠改裝爲小型茶博物館，讓消費者在買茶的同時，也能了解台灣茶的歷史與喝茶的樂趣。爲了讓客人安坐品茗，也爲提供藝文表演者一個演出空間，曾經是撿茶場的二樓，搖身一變成爲寬敞的中式藝文空間，從那時開始，悠揚的南管樂聲，常常伴隨茶香，陪遊人度過一個個悠閒的午後。

隨著第五代加入經營陣容，有記開始注入了新的活力與創意。針對年輕客群所推出的副品牌「飲JOY」，以明亮色彩與方便的袋裝茶包，吸引講究效率的年輕人。而在品牌台北顧問的建議下，老茶也有了新意象，呼應店裡濃厚的藝文古風與人文氣息，將店裡的四款主力茶葉，分別命名爲琴韻（文山包種）、棋心（奇種烏龍）、書痕（鐵觀音）與畫影（高山烏龍），如詩的文案並巧妙地將製茶過程、茶韻風味與人生體會冶於一爐，讓茶葉變身爲文創商品。有記變了，變得有活力又容易親近；不變的卻是「實實在在做好茶」、「親親切切顧鄉里」的態度。

歲月流轉，沒有止住老茶廠前進的腳步，反而增添了它的人文底蘊。今天，有記名茶，要從淡水河畔的大稻埕重新揚帆出發。

三、製造業腦袋急轉彎

談到台灣下一波經濟奇蹟，「服務業」與「文化創意產業」儼然已經取代了「傳統製造業」甚至「高科技產業」。但靠製造起家的台灣產業界，是否已經準備好換成服務業的腦袋了呢？

製造業有許多管理作法其實很珍貴。二十幾年前，我曾經受訓後在工廠講授TWI課程，專門教領班與組長等基層幹部，如何進行工作教導與工作改善。我走過一家家鞋廠、家具廠、鋼鐵廠……，挽起袖子跟一群黑手研究如何運用合併、刪除、重組、簡化等技巧，改善他們生產線的工作流程。這段經歷讓我受惠至今，相同原理不但可運用在辦公室管理、活動辦理、客服流程的改善，還協助過住家附近的一家自助餐館改善佈菜動線，甚至自己下廚做菜也可以從四十分鐘縮短為二十分鐘。其他諸如「模組生產」、「Just in Time」、「品管圈」、「TQA」、「排程分析」……等管理技法早已被非製造業廣泛採用。

只是同樣為了提升績效，製造業思維的主軸是「降低成本」，而服務業思維則是「創造價值」。前者偏重數字〈單位成本、交期、不良率、安全庫存量等等〉，後者專注人性〈品牌印象、顧客滿意、員工感受等等〉。而服務業更要講究消費情境、獨特風格與行銷佈局，只考慮降低成本與大量生產，並不會換來客戶蜂湧。

相對地，一些文創業者講究設計風格與消費情境，但卻無法形成足夠生產規模，終究也難成市場氣候。

「產品設計很好，有些行銷創意，但量產有問題。」

「產品設計不錯，擁有足夠產能，但行銷欠犀利。」

如果你手上握有資源，會選擇助誰一臂之力？二〇一二年「品牌台北」廠商評選會議，當進行到競爭激烈的文創類評審時，便出現這樣的課題。在政府資源有限的前提下，後來評審一面倒傾向讓後者出線。因爲這不是設計競賽，而是品牌輔導專案。好的設計不但需要市場共鳴，也要生產線配合才有長遠經營價值。而產能建立非一朝一夕可成，行銷甚至設計所欠的東風則容易從外援補足，從資源配置與投資報酬的觀點來看，評審的選擇無寧更切實際。

換言之，傳統產業加入設計與文化創意元素，經營的腦袋轉個彎，更有建立文創品牌的優勢，尤其一些行業存在著功夫了得的匠師，一個轉身就是一次躍升。

本單元案例的金剛魔組〈拿趣益智〉與方塊躲貓〈鑫鉝鋁業〉都

是製造業漂亮轉身的例子，但有時也可藉助機緣，順勢打開新局。

黑獅實業創辦人許爸從事針織製布產業三十年，生產各式棉料及蕾絲，他知道紗線之間配合什麼樣的比例、如何操作機台才能減少布料的損耗、如何為布料牢固定色，連柔軟劑何時放、怎麼放才能讓布料更柔軟，這些技術都在他的腦袋裡。曾經見證台灣昔日紡織王國榮景，但如今台灣紡織業持續萎縮，當同行接連倒下，他支持學設計、會畫畫的女兒雅雅成立有機棉服飾品牌「許許兒」，也為自己開了另一扇窗。

靠著許爸三十多年紡織製造技術的力挺，加上三十多年經驗的國寶級訂製服師傅出馬，許許兒開發出獨特的森紛有機棉，條紋、圓點，布紋、織法都顛覆一般樣式，不僅更輕、薄、透，也讓有機棉服飾有了更多可能與樣式，那是許許兒專屬的森林系繽紛。

日本京都有一群兼具究極精神與工藝智慧的職人藝匠，方能成就京都為日本文化時尚首都。台灣許多的傳統產業中，也蟄伏著不少這樣的高人。當政府開始談「傳產維新」，或許讓匠師成為傳產文創化的一股力量，是值得開發的方向。

案例5

鐵工廠黑手鍛造益智文創精品——金剛魔組〈拿趣益智〉

成立三十幾年的「巨象製刀」主要營業項目是木工機械用刀具，屬於傳統產業，客戶爲特定族群，近十年由於產業外移至大陸，面臨更大的競爭壓力，不得不轉型。創辦人胡登富從小與鐵器爲伍，爲了幫兒子做出玩不壞的玩具，花了兩年半實驗，他設計出十顆不同形狀的鋁合金元件，透過獨家的雙頭螺絲鎖固後，變成有角度的金屬積木，可三百六十度無限延伸出千變萬化。於是巨象轉型成立「拿趣益智科技公司」，延攬一批設計工程師，開始打造文創質感的新產品。

產品原叫百變金屬積木，因爲同一套鋁合金元件，可以組合出十二種生肖或十二種星座，其他諸如拉風車子、百變機器人、酷炫恐龍……都能說變就變。客戶族群一方面設定八至八十歲，一方面在通路設點與色彩包裝上，還是以兒童的玩具爲主要訴求。

但不少消費者反應產品重量太重、設計複雜，其實不適合年紀較小的孩童。產品命名中「積木」二字比較玩具化，也容易自限於與樂胡登富想幫兒子做出完不壞的玩具而自創品牌。

高的比較。於是建議產品定位脫離兒童玩具的概念，改爲主打成年男性，有品味、喜好自我挑戰、喜歡動手拆組玩弄模組或機械者，而成品還能充當精緻擺設或手機座、名片座。喜歡益智、又有能力拆組產品的兒童或青少年則列爲爲次要目標族群。也就是以「益智文創」爲品牌定位。

產品名稱建議改爲「金剛魔組」，呼應品牌製造業起家背景，將工廠生產線之模組概念，以更創意精緻的設計，轉化爲消費產品。金爲材質，魔爲百變玩趣，魔組則一語雙關意指模組與百變組合。後來經營團隊決定品牌名稱就改爲「金剛魔組」，CI與包裝重新設計以貼近新的品牌定位。且因爲產品銷售鎖定國際市場，因此在產品開發的作法上建議融合更多國際元素與科技元素，例如：造型偶的設計不要只侷限在中國或台灣的玩偶，可多參考科幻電影或國外玩偶的造型，也可考慮國際地標造型等。

至於在品牌論述文字方面，雖然產品與新的包裝外觀具備時尚精品架勢，但呼應創辦人黑手出身台灣鐵漢的形象，決定融入一些台味，製造反差驚喜。例如將胡登富的口頭禪：「企快賣，力斗哉！〈試試看你就知道〉」融入品牌 Slogan：「好智在・器快嘍！」也一語雙

關表達動手組合時的速度感。

不論金屬的切斷、模組的規劃、結構的平衡、鎖洞的角度、表面的抛光處理、安全的陽極著色或手拿工具的設計……，每一步驟與環節，都靠著數十年百煉鋼所累積的眞功夫，才能化爲消費者手上的繞指柔。「金剛魔組」不但是小朋友的玩具，更成了大朋友挑戰創造力與手技的利器。雖然強調組裝樂趣，但因金屬造型具有時尚感，不少人也拿來當作裝飾精品。配上人文質感的商品論述與設計感包裝，誰說黑手不能變文創！

「金剛魔組」百變玩趣，更貼近目標族群。（右）品牌建議重新定位為「益智文創」。（上）

胡登富說：好智在．器快嘜！（上）
黑手變文創，玩具變精品。（下）

【品牌簡介】

好智在・器快嘍！——金剛魔組 METAL ART

「阿爸，我的玩具壞了！」

看到兒子沮喪的表情，不經意脫口而出：「改天做一個不會壞的玩具給你！」從此，阿爸開始執行這個艱鉅諾言……

憑藉三十年研究機械與製作刀具經驗，阿爸發想一個又一個點子。經過數不清的實驗，最後決定採用自己最熟悉的珍貴金屬——鋁合金來設計。

兩年半之後，獨一無二的【金剛魔組 METAL ART】終於誕生！十顆不同形狀的鋁合金精密元件，以螺絲組裝，可三百六十度無限延伸出千變萬化，動物、星座、機器人、摩托車……，任你巧手組裝。是小朋友的玩具，更是大朋友挑戰創造力與手技的利器。

自在玩出智慧，金剛魔組的魅力，器快嘍就知道！

【商品文案選錄】

藝合金

伸縮自如的藝文版魔術方塊，鋁合金質感簡約又時尚。
黑與銀典雅，金與銀燦耀，
城堡、摩天樓、舞拳俠客……，任你扭轉玩弄於指掌間，
既是案頭亮眼風景，還能充當手機座或名片座。
輕鬆變身為迷你雕塑家，器快嘐斗哉！

生肖魔組系列

金剛魔組在手，十二生肖任你變化無窮，好運亨通。
學業鼠一鼠二、牛轉乾坤；職場虎虎生風、馬到成功；
投資龍行大運、狗旺來富；事業蛇我其誰、羊名立萬；
家庭雞祥如意、豬事大吉；感情兔露芬芳、猴塞雷啊！
送人自用，樂在其中。

星座魔組系列

金剛魔組在手，十二星座任你變化多端，精彩不斷。

向堅毅魔羯致敬、爲機智水瓶喝采、給浪漫雙魚擁抱；替衝勁牡羊加油、請可靠金牛把關、邀靈敏雙子獻策；供戀家巨蟹溫暖、幫勇敢獅子按讚、助完美處女一臂；與和諧天秤擺盪、看神秘天蠍使魅、陪率眞射手彎弓……送人自用，樂在其中。

【品牌故事】

這裡嘸魚，那溪釣！——金剛魔組 METAL ART

「阿爸，我的玩具壞了。」看到兒子沮喪的表情，不經意脫口而出：「恁爸改天做一個不會壞的玩具給你！」沒想到兒子每天追問：阿爸，我的玩具呢？爲了執行這個艱鉅諾言，一個鐵工廠黑手老闆誤打誤撞開創了文創商品品牌……

理著小平頭，一年四季穿著 T 恤短褲，拿趣益智公司創辦人胡登富有一種台式的漂魄灑脫。喜歡挑戰高難度的他，在兒子的催促下，開始認眞思考，如何製作一個功能性強又有意義且玩不壞的東西？憑藉三十年研究機械與製作刀具經驗，胡登富發想各種創意與工程師反覆討論。經過數不清的實驗，最後決定採用自己最熟悉的珍貴金屬——鋁合金來設計。兩年半之後，玩不壞又具神奇魔力的「金剛魔組 METAL ART」就此誕生！

十顆不同形狀的鋁合金元件，四面都有螺絲洞，透過獨家的雙頭螺絲鎖固後，變成有角度的金屬積木，可三百六十度無限延伸出千變萬化。同一套元件，可以組合出十二種生肖或十二種星座，其他諸如拉風車子、百變機器人、酷炫恐龍……都能說變就變。而一座耗費一萬兩千顆鋁合金元件，由三個人歷時半個月組裝、高達兩百三十公分的「變形金剛」，成了京華城裡最吸睛的裝置藝術，也吸引了電視節目前來取景。

鐵漢阿爸的柔情巧思

雖然起心動念是為了寶貝兒子，但「金剛魔組」不但是小朋友的玩具，更成了大朋友挑戰創造力與手技的利器。許多人拿它跟樂高來比較，但除了材質不同，精密機械製造成型更是「金剛魔組」的獨門特色。不論金屬的切斷、模組的規劃、結構的平衡、鎖洞的角度、表面的拋光處理、安全的陽極著色或手拿工具的設計……，每一步驟與環節，都靠著數十年百煉鋼所累積的真功夫，才能化為消費者手上的繞指柔。而這些難以取代的密技，與胡登富的經歷密不可分。

出身台中市北屯舊街，父親是鐵匠，胡登富從小就與鐵器為伍。十歲時父親車禍喪生，當時八個兄弟姊妹中最小的弟弟還不會走路，身為長子的他自高職起一肩扛起家中四百萬負債，當時一般工廠的月薪大約三至五千元，為了生存，他動起腦筋叫母親起會，買一台半自動磨刀機替人加工，一個月可賺四、五萬。

年紀輕輕即飽嚐生活辛酸，胡登富說：越是不可能的事，我越要挑戰！

從養活一家溫飽的小型家庭工廠開始，到成立巨象製刀專研木工刀具。胡登富對各種機械特性瞭若指掌，去跑工廠送貨時，任何一家工廠，他都喜歡觀察他們的生產過程與生產器具，有時還提供改善建議。新產品研發過程中他遍訪市面鋁切斷加工業，但所有成品都需二次加工，製造成本過高；他深知，如果無法克服，就只能當兒子的玩具，承諾做到了，卻無法量產成為工廠轉型契機的生意。「頭都洗一半了，一定要做出來！」於是自行設計治具並改裝機器，務求做到切斷即一次到位的精準加工，同行眼裡不可能的任務，胡登富憑藉純熟技術與頑固堅持辦到了。

隨著產業外移、金融海嘯，刀具工廠生意不到原有的三分之一，三十年從不曾停止運轉的機器，竟然空了下來……。面對生計都靠這家工廠、一起打拚三十幾年的老員工，胡登富深知，唯有轉型，才有活路。對兒子誇下的海口，也因而成了事業轉型的契機，於是創立拿趣益智公司，開始推廣「金剛魔組」這個品牌。

玩不壞的玩具，點燃台灣文創新生命

台灣玩具業不是幫歐美大廠代工，就是走廉價市場，得跟中國生產的低價品競爭。拿趣堅持走高品質路線，強調台灣設計製造，放眼世界舞台。二〇一一年德國紐倫堡玩具大展中，一個美國人兩度造訪拿趣攤位，就是爲了親自向胡老闆致意，他豎起大拇指讚嘆：曾經在美國看過「金剛魔組」產品，但難以置信竟然是台灣生產的？

日本京都有一群兼具究極精神與工藝智慧的職人藝匠，方能成就京都爲日本文化時尚首都。胡登富有如台灣版藝匠，天賦異稟加上後天苦練，集發明家、設計師與工匠於一身，這可是學校學不到的功夫。

雖然強調組裝樂趣，但因金屬造型具有時尚感，不少人拿來當作裝飾精品。二〇一二年中金剛魔組推出成品包裝，以「生肖魔組」與「星座魔組」爲主打，讓懶得動手作的消費者多了一種選擇，未來還會推出圓形組件的金剛魔組。另外還推出「藝合金」，可說是金屬版魔術方塊，簡約又時尚的鋁合金質感，既方便把玩於指間，又能隨意變身成手機座或名片座，成了白領新寵。

「這溪嘸魚，那溪釣。」當初的無心插柳，開啓傳統黑手產業成功轉型文創的契機，正港鐵漢胡登富以鋼鐵般的意志，寫下MIT另一章。

案例6

阿嬤的鋁櫃換上時尚新裝——方塊躲貓〈鑫鉝鋁業〉

「您好：

本公司爲鑫鉝鋁業股份有限公司，主要製作鋁製的櫥櫃家具。相信您一定對我們的商品有印象。幾十年前，家家户户幾乎都有一台茶車的年代，我們的商品開始快速的被消費者接受，在五金百貨的店門口，常堆放著我們的商品販售。由於鋁質輕巧又好清洗，公園泡茶下棋的阿公、喝茶談生意的企業主、路邊攤販小賣、甚至是家庭主婦都會來購買我們的鋁架，二十幾年了，市占率永占第一，但不能否認的是年輕階層的消費者對美觀的重視、IKEA等設計家具的攻占，影響了我們。

鑫鉝鋁業的第二代接手人意識到此危機，不斷的積極找尋新路，與工業設計人員合作、嘗試改變鋁櫃的花色、建立品牌Cabini，但在這部分一直缺乏專業的整合與品牌打造方向，也許商品漂亮了些、也許接頭精緻了點，但怎麼賣呢？怎麼做出區隔呢？消費者還是存在既定印象——那是老人家愛的東西。

去年八八水災給了我們很深刻的感受。水災後，五金百貨的訂購電話擠爆，網路訂做的單子也如雪花般飛來，工廠人員忙翻天，那是好幾年來沒有看到的光景，我詢問客人，怎麼會想到訂做我們的商品呢?客人一半以上回答，水災後只有你的架子沒壞，平平要花錢，我當然要買這種的。這給工廠人員與老闆很大的鼓舞，是呀！耐用、淹不怕，我們這二十年來對品質的堅持與產品的優勢沒有改變過，我們有一定存在的價值，若能找對方向，一定會出頭天。

很幸運的在文章上看到張庭庭小姐對中小企業品牌開發的一些剖析，我相信他的寶貴意見一定能幫助到我們，請回覆貴公司的合作模式資料給我們，希望有機會能進一步的諮詢與合作，謝謝。」

以上是二〇一一年收到 Wendy 的第一封來信。我從裡頭讀到一個家族企業第二代對自家產品的驕傲、執著，也讀到了他對企業未來的憂心、不安。一場奇妙的緣分就此展開。

傳統鋁櫃的販售通路：五金家具行。（上）
重新設計後的新產品仍困在舊有軀殼裡。（下）

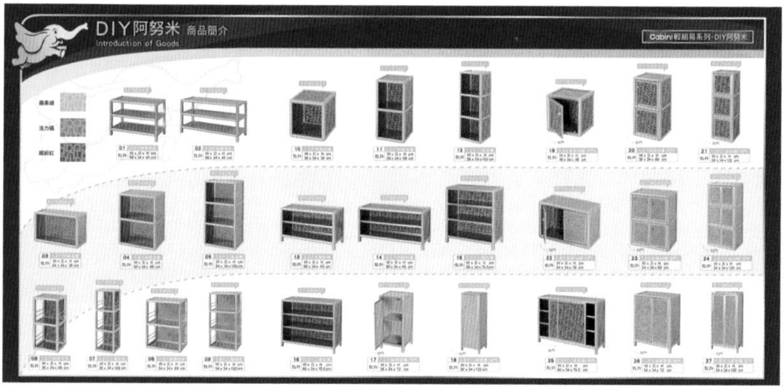

兒時記憶化爲品牌輪廓

先是把漂亮的新產品與樸實的傳統產品分開，Cabini 留給原有產品。新產品另創品牌，另尋客層與通路。Wendy 兒時在房間內把爸爸做的鋁櫃用來辦家家酒、躲貓貓的童趣記憶，成了新品牌的定位靈感，品牌名稱就叫「Funcube 方塊躲貓」，並以「百變空間，新鋁時尚」爲其理念，鎖定年輕都會客群。而 Logo 設計將鋁櫃的形體化爲柔潤的方形，藏入一隻淘氣的貓咪輪廓，呼應「躲貓」意象，也傳遞產品輕巧可愛、百變淘氣的視覺印象。

接著呼應躲貓意象，以看光光、看得見、看不見三個可愛說法，取代層架、無門層格、有門層櫃等產品分類方式。文案、故事一一出爐，網站視覺大變身，只是少數願意進新產品的傳統家具行與五金店等經銷通路，與改造後的「方塊躲貓」看來格格不入。

不急，先從參展接觸消費者開始吧。過去的鑫鉝鋁業只管研發製造，儘管身爲業界龍頭，卻從來沒有直接接觸消費者的經驗。「方塊躲貓」的處女秀是參加「城鄉禮讚 - 台北嘉年華」，跟來自全台共五百家的品牌一起在台北市府前擺攤競秀。他們的產品色彩鮮豔具設計感，原本只是瞄準年輕族群，在攤位上玩起跳箱與組裝遊戲，沒想到吸引許多阿嬤上門來玩，下單更是爽快。阿嬤也許不懂流行色彩，但商品讓她們找回童心與快樂。

這一役不但領略了消費者看待產品的視角，也「蒐集」到眾多粉絲，回流到網站上，讓方塊躲貓吃下定心丸。接著，傳產變身的故事陸續被媒體大幅報導，讓原來對新產品不看好的經銷商也搶著進貨，還給予產品陳列的優惠配合，但展示美感還是不足。接下來，「方塊躲貓」團隊開始洽談新通路，參加世貿展覽，商品新花色也開始出現，以四季爲主調，分別爲：春田、夏艷、秋妍、冬戀。

方塊躲貓 Logo

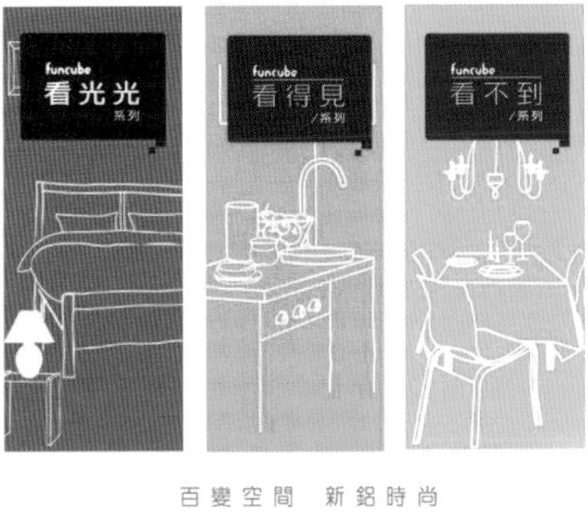

以可愛的文案為系列產品分類

展開空間視覺魔法

挫折感來了，通路對產品有興趣，但小小空間要如何展現「方塊躲貓」時尚質感？

二〇一二年八月，品牌改造第二階段開始。

由於品牌目前尚無自有門市，爲了讓合作通路也能展現出「方塊

情境空間：少女房。（上）
情境空間：幼兒房。（中）
情境空間：單身男性房。（下）

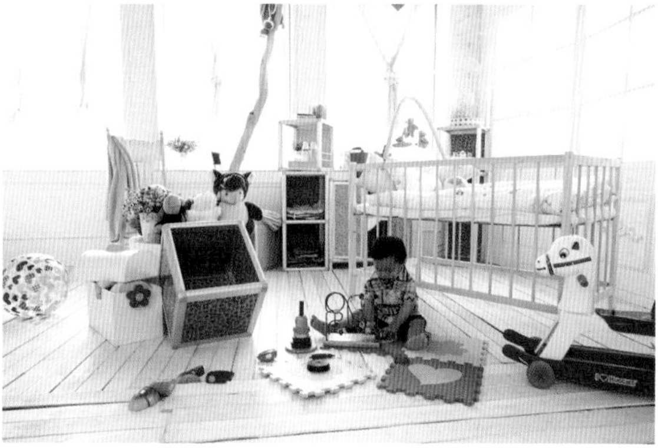

躲貓」百變空間，新鋁時尚的品牌精神，甦活團隊設計總監 Max 運用躲貓櫃，在攝影棚設計布置了幼兒房、少女房、宅男房、客餐廳……等各種情境空間，並拍成照片，而這些照片也成了消費者居家陳設的創意參考，更成了令人驚喜的展佈道具。

以婦幼展爲例，幼兒房、少女房、客廳皆是主題亮點，一般的做法爲求營造情境，會在展場上布置各式道具，但是狹隘攤位不若攝影棚，就算勞師動眾花預算布置，最多只能複製一種空間，如何在三米見方空間創造多元居家情境？

望見空白牆面，Max 想了一石三鳥的方法，將方塊躲貓的情境照放大輸出，一個攤位三面牆，就有三種情境圖，效果不言而喻。最重要的是，在狹小空間中創造景深，創造出透視圖的延伸錯覺，空間彷彿放大三倍。而牆面虛擬空間與現場實體櫃子巧妙搭配，眞假難辨。觀者無須翻閱型錄，從遠處即可收展示吸睛之效。

商品不必擺很多，選擇重點於現場靈活展示，妥善規劃高低尺寸的陳列方法，其他就交由牆面的虛擬情境，讓參觀者視線穿透，巧妙營造透視效果。把空間讓出來，讓觀者走進來，甚至坐上單層櫃，親自體會組合家具的多元應用。捨棄多餘布置道具，省時省力又守住預

世貿婦幼展，巧用牆面輸出，創造視覺景深。

算，更以簡潔開放的空間強化品牌質感。

如此曝光之後，實體與網路知名通路紛紛找上門，還得到了書展與百貨公司免費短期入駐優惠。而在每次佈展時，又激發出許多新產品的開發點子。彷彿打通任督二脈般，連著二〇一二年九月的產品形象沙龍照；十月的世貿婦幼展；及年底的高雄新光三越品牌專區展演，設計總監 Max 與方塊躲貓團隊持續交流創意新品設計的想法與可能性後，方塊躲貓的新產品如湧泉般地汩汩冒出。

可曾見過有櫃子，可以手牽手，可以疊羅漢，又當桌子，又是椅子，又作櫃子，還兼演屏風？內含多元功能的創意巧思不說，方塊躲貓更突破了傳統鋁櫃應有的姿態與長相。不僅只換上了時尚新裝，身形也跟著修長婀娜多姿起來。

透著書香的呼吸，襯與音符的旋律，伴著光影的流轉，珍愛著許多關於藏物惜情的記憶，方塊躲貓幻化百千，走進生活，成為生活。

「客戶肯定與營業成績逐日成長，現在整個家族全部動員力挺這個二代品牌，占地數百坪的品牌旗艦館也預定在桃園落腳……。從一份貼近生活、注重細節的心意出發，「FunCube 方塊躲貓」不僅實現了家族的夢想，更讓習以為常的日常起居，閃現珍珠般的珍貴樂趣。」

高雄新光三越品牌專區展演。

台北國際書展展場，以壓克力牌 LOGO 配合品牌故事傳達品牌精神。（右）

台北國際書展展場，新品創意造型燈箱。（上）

方塊躲貓創辦人 Wendy 與兒子。（下）

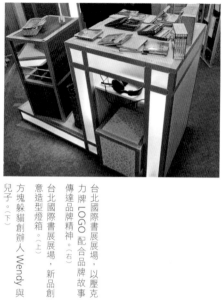

【品牌簡介】

百變空間，新鋁時尚

很久以前，
有個小女孩把爸爸製造的鋁櫃，
變成童話裡的移動城堡，玩起躲貓貓……

長大以後，
她決定讓更多人分享空間魔法的秘密。
各式方形躲貓櫃，輕巧耐用、安全防水的美德依舊，
卻多了一張時尚臉孔與百變驚喜……
玩心結合貼心、時尚兼顧實用，在層架格櫃之間，
「FunCube 方塊躲貓」與您一起發掘生活中的珍貴玩趣！

【商品文案選錄】

夏艷層架

一層輕巧，兩層安心，三層堅定。輕盈體積加上透明視角，心愛

的公仔、收藏的玩具與珍藏寶貝任你放，在家就能輕鬆打造個人專屬的私人博覽會！絢麗色彩搭配流線設計，教人不想炫耀都不行！

夏艷層格

充滿趣味的層層格格，多彩輕便的原創設計讓心情也飛揚起來！移動容易、防水耐重，展示置物兩相宜，滿足每個點子多多的挑剔腦袋！腦筋一轉，隨時可以幫房間換個新造型！

夏艷層櫃

看膩了一成不變的家居風景？鮮豔可愛的層層櫃櫃，給你隨手就能移、轉、堆、疊的起居空間！各色輕巧鋁製層櫃，隨時搖身變成桌椅和收納櫃架，讓你從心所欲玩創意，讓家不僅時尚，更加好玩！

任意疊

向上向下、往左往右，躲貓櫃玩起了疊羅漢
忽高忽低、可多可少
穿梭小叮噹的任意門

【品牌故事】

將童趣譜出商機——FunCube 方塊躲貓

談到鋁製櫥櫃，因重量輕巧、清洗容易，早期幾乎家家必備。廚房裡用來擺電鍋與烤箱，臥室裡放衣物或雜物，客廳裡拿來展示戰利品或收納……，而鋁製茶車更是泡老人茶的最佳道具。如今，傳統鋁櫃注入創新設計，絢爛色彩加上多變功能，結合老牌工藝與年輕風格的「Fun Cube 方塊躲貓」，讓鋁櫃有了一張令人驚喜的時尚臉孔！

童趣回憶，埋下創意種苗

薇元父親三十年前白手起家立起「鑫竝鋁業」的招牌。當初廠時，薇元父親將工廠地基層層打深，規格可比軍事碉堡，可見得其創業時那份做大、做久的經營壯志。身爲國內第一家將鋁管應用於生活傢俱的企業，由於產品耐用穩固，使鑫竝鋁業長期穩坐市場龍頭，但隨著生活型態轉變，老字號的招牌面臨時代考驗。

上有姊姊、下有弟弟，薇元對自家的鋁櫃事業，卻有著格外深厚的認同情感。一個簡單的櫥櫃，對喜愛遊戲的兒童來說，往往可以是一座充滿探險趣味的神祕迷宮。薇元從小就愛把父親工廠裡的鋁櫃當作大型玩具，因鋁管材質相當輕盈，移動疊堆都絲毫不吃力，在門、管線與層板之間形成的格子空間，常使薇元不亦樂乎地在其中玩起了躲貓貓！這段童趣記憶，也爲日後埋下了創新發想的種籽。

從嚮往精緻高貴的雜誌設計，到注重使用質感的實用取向，薇元獨自摸索、研究出一套家居佈置的應用準則，那就是能爲空間改頭換面的「收納機能」。她開始思考要如何著手將功能單純的鋁櫃，改造成適合現代生活的空間魔法師？爲了替傳統鋁櫃找到契合的現代定位，薇元在先生及好友加入助陣之下，積極開發色彩繽紛多元的新產品，並開始打出「Cabini」的品牌名稱，但銷售成績未有突破表現，讓薇元不禁懷疑自己是否走對了路？

二〇〇九年八八水災後，鑫鉝鋁業突然接到近幾年少見的大量訂單！薇元頓時領悟到：鋁管櫃架耐水、耐用、不怕淹的特性，其實仍深得一般民眾的肯定與認同！她立下決心，在創立新品牌的同時，也要堅持原汁原味的優良品質，保存原有的產品優勢，加上更多的努力與眞誠，一定會找到完美的答案！於是找來顧問把脈，確定「Cabini」的品牌保留給傳統產品，鎖定原有客群，而具時尚設計感的新產品則要另創品牌，走出傳統家具行與五金行，主攻都會人口。

方寸玩心打造老招牌的時尚臉孔

身爲愛狗人的薇元，在心愛的狗兒生病後，特地親手設計了一個創意鋁製狗屋，適度發揮鋁耐濕、輕便、抗鏽的材質特性，不但通風良好、清洗容易，更因體積輕巧而適合置於室內。出於體貼愛犬而動手打造的鋁狗屋，也讓薇元發現：只有最清楚自己切身需求的使用者，才是最稱職的空間設計師！

憶起兒時在鋁櫃間推轉遊戲的單純樂趣，薇元期許自己時時貼近使用者的心，「FunCube 方塊躲貓」因而誕生。喊出「百變空間，新鋁時尚」的理念口號，「FunCube 方塊躲貓」將現代人對生活空間的想像與思索置於設計重心，緊扣鋁製傢俱輕巧易移、耐用防水的優勢，相繼推出「夏艷」及「秋妍」系列，改頭換面後的鋁櫃，染上了夏日艷陽般的鮮明色彩、以及清爽秋日的森林系風貌，並緊扣鋁製傢俱輕巧易移、耐用防水的優勢，包括視角透明、體積輕便的「層架」；防水耐重，展示置物皆適宜的「層格」；以及堆、組、推、移都方便，加上軟墊和面板就可化身爲收納箱兼小桌椅的「層櫃」，致力打造多用途、省力氣、不占空間的使用價值！

除了愛狗成癡，薇元也當了媽媽。新手媽媽的手忙腳亂、家具陳設的安全考量，收納與陳設的深切需求……，薇元渴望讓大家一同體會。二〇一二年起，積極參與各大展示活動，婦幼展、玩具展，還被通路相中，引入高級百貨公司展售。她特地請來設計師配合新的品牌風格，設計布置了幼兒房、少女房、宅男房、客餐廳……等各種情境空間，並拍成照片，而這些照片也成了消費者居家陳設的創意參考，更成了品牌參展時令人驚喜的展佈道具。

客戶肯定與營業成績逐日成長，現在整個家族全部動員力挺這個二代品牌，占地數百坪的品牌旗艦館也預定在桃園落腳……。從一份貼近生活、注重細節的心意出發，「FunCube 方塊躲貓」不僅實現了家族的夢想，更讓習以爲常的日常起居，閃現珍珠般的珍貴樂趣。

2012.12.01 創業一定贏 _ 方塊躲貓。

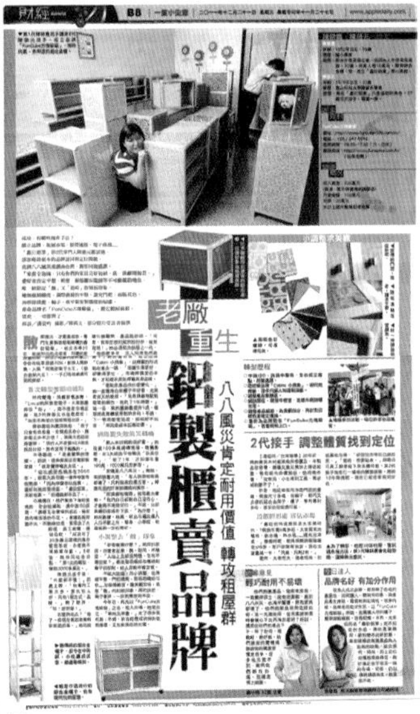

2011.12.21- 蘋果日報 _ 老廠重生 鋁製櫃賣品牌。

四、文創靈魂找對軀殼

在政策強勢領航下，兩岸文創產業利多議題不斷，不但各地文創博覽會接二連三，通路市場與創投資金也頻頻招手，文創前景彷彿光明在望。

但一來文創與其他產業有很大不同，它多屬於心靈消費而非著眼於消費者日常需求，因此在產值、市場佔有率與銷售成長預估等方面，很難作精確較算。二來雖名之曰產業，實則異質性很高，先不說表演藝術與數位內容等類別之差異，即使同屬工藝設計，A品牌與B品牌可能在產品功能、材質、工法……等各方面南轅北轍，更別說同材質異功能、同功能異材質……等千變萬化了。這樣的氣象萬千，讓很多通路業者與創投業者如看山於五里霧中，有人側看成嶺，有人橫看像峰。

才氣如何兌現成商機？好幾次受邀至大學文創或設計相關系所講授文創品牌經營的課題，發現現在青年學子不乏創意與熱血，對創業也躍躍欲試，不少人甚至已經展開自創品牌的大夢。但儘管修習了經營管理或行銷的課程，總覺得缺了一塊，難以竟功。問題出在文創品牌多是微型企業，事業經營與品牌佈局與大型企業或一般中小企業差之千里。

企管理論與個案研究一向是爲大企業量身定作，許多被 MBA 奉爲金科玉律的法則、模式，原封套到微型企業身上，有時不見得合身。行業變化彈性高加上資源有限，微型文創企業只能別出心裁，各顯神通。

以打造品牌來說，不是大企業才需要打品牌，微型文創企業也需要藉著響亮有型的品牌，在消費者心中烙下深刻印象，且不斷塑造品牌風格，既與競爭者區隔，也可避開價格戰的陷阱。而品牌對於微型企業，更具有以下多重意義：

一、**圈地為王的旗幟**：西部拓荒片中常見這樣的畫面：牛仔騎著馬在一片漫無人煙的草原上插上旗子或圍上柵欄，這塊地就是他的了。創意經濟就是待開發的新疆界，你可以圈住一小塊地盤宣示所有權，而品牌就是那支昭告天下的旗幟。

二、**企業的識別圖騰**：透過品牌名稱、企業識別、文化內涵加上商品整體包裝等印象，當消費者聽到這個品牌，腦中會自然浮起相對應的視覺印象與故事記憶。

三、經營的價值符號：企業經營的目的不一定旨在賺大錢，讓人感動的文創品牌背後，通常都埋藏著經營者對生命的獨特詮釋，於是品牌往往成了代表經營者價值信仰或美學信仰的一個符號或象徵。

四、客戶的共同密碼：當經營者揭竿而起，而有一群人近悅遠來，代表經營者的價值觀或喜好，吸引到並建立起一個惺惺相惜的社群，而該企業的品牌就成了客戶群共用的通關密碼。除了帶動消費，還可讓原本各自天涯的陌路人，在品牌精神的指引下，交流情感，相濡以沫。

兩岸文創產業擁有大量充滿熱忱的創意人才，但兼擅溝通與創作者卻不多，能侃侃而談創作理念與夢想的經營者更少。很多懷抱崇高理想的文創人，一旦自己開門立戶，柴米油鹽伴著風花雪月撲面而來，很多考驗真的難以招架。一雙手，既用來創作、打電腦，也用來搬貨、數鈔票；一張嘴，上了台得出口成章，客戶來了要喊歡迎賞光。

尤其藝術家個性的文創人，不少人很會畫但不太會說，更不善書寫。往往產品很有看頭，但文案、包裝、網站卻令人搖頭。十多年來我見識無數如此奇才高手，有時更有幸與這些伯牙們結緣，充當知音子期，傾耳聽出他們心裡的高山流水，為其轉繹定調，然後與他們一起捏塑出符合其創作內涵與個性的說話腔調，讓品牌靈魂得以在對的軀殼中恣意伸展。

案例7

設計頑童玩家具記錄情感——四一玩作〈四一國際〉

初見黃俊盈，是在二〇一〇年「品牌台北」專案的決選會議，只見一個粗獷的漢子，拿著幾件自己設計的家具作品，神彩飛揚地如數家珍。雖然出言直率不加修飾，但可以感受到他對家具設計的熱愛幾近偏執。

那時他的品牌叫「四一國際」。獲選後跟同梯廠商來上課，課堂上最多話、最搞怪的人就是他，跟一般設計師沉穩低調的風格大相逕庭。我形容他好像身體裡面住著一個不願意長大的小男孩，而這個古靈精怪的小頑童，就是他的創作引擎。

設計頑童黃俊盈。

原本從事室內設計，但源源不絕的創意點子加上設計人特有的傲骨，讓他不甘心老是要爲斗米妥協，屈就於在他看來失掉原味的客戶修改意見。於是興起自創品牌家具與家飾的念頭。我發現他非常擅長圖像思考，三兩筆就能勾勒出一個精彩設計，「童心」更是他的珍貴資產。

不按牌理出牌

「童心玩趣」，便是他與小孩情感連結的第一件創業作品。以香杉木製成的「童心玩趣」，最初的發想是幫自己的兩個小孩做一張好玩的翹翹板，但加入一些設計巧思，翹翹板翻個身就變成一張長椅，兩張長椅並排加上座墊便是沙發，上下顛倒疊放則成了書架，還可以變化出床、隔間架……等各種創意組合。而每個排列組合，都是一段值得珍藏的歲月，兒時玩耍、求學唸書、戀愛結婚……，一張椅可以不斷

童心玩趣。

衍生，陪主人到老。

黃俊盈喜歡不按牌理出牌，除了把一樣東西變化各種用途，還可像積木一樣組合搭配，有的更充滿童心與幽默。例如明明是花瓶，花瓶底座卻是鏡子，兩個花瓶一正一倒插上花，便成了「鏡花水月」，主人攬鏡自照，鏡中人剎時幻化爲瓶中花。

另外，他以台灣的相思木，發想創作了「相思 Taiwan」系列作品。台灣相思木，因爲質地堅硬，容易產生裂紋，常被視爲劣質木材。黃俊盈顛覆一般人對相思木裂痕「廉價」、「劣質」的印象，在他的創意之下，相思木的裂痕轉變成爲感動人心的有趣元素。例如相思木做成的「燈几」，白天是茶几、晚上化身爲一盞燈，其上的淡淡裂痕，會因爲擺放的環境條件而產生變化，演化成各種有趣的紋裡。你會發現，彷彿木頭本身還有生命，也讓使用者與家具有了情感上的連結，並產生參與創作的樂趣。

無用之用，是爲大用。裂痕，是一般家具的致命傷，卻是四一引人入勝的特色。除了叛逆、幽默，黃俊盈也有莊重嚴肅的一面。爲避免破壞生態，他多利用生長期短的人造林木材來做家具，避開使用生長期長的保育類樹種，爲地球環境盡一份心力。在製作過程中也盡量

鏡花水月。

燈几。

使用最精簡的步驟與工法，減少生產時所耗費的碳排放量，並保留材料原始風貌，不使用對環境造成負擔的材料。

此外，四一的實木家具爲了保留自然的原味與原色，多不上漆，除了讓木頭的香氣能夠自然散發出來外，也絕對不含對人體有害的甲醛。他開玩笑說，他做的家具可以用、可以玩，還可以拿來啃。

瞭解了他豐富的創作心路，我認爲他缺乏一套明確而聚焦的定位論述。他雖然能言善道，但玩心強，創作靈感隨性發散，設計有趣但似乎少了中心思想。而且畢竟無法化身千萬，親自面對每一個潛在顧客侃侃而談。於是建議收斂聚焦以「記錄情感的互動家具」作爲品牌定位。

至於品牌名稱「四一國際」則顯得冷硬，與其風格不符。問他爲什麼叫「四一」?黃俊盈俏皮地說：「因爲11點11分是我的幸運時間。」我建議以「一枝草、一點露、一輩子、一棵樹」等四個「一」來詮釋其品牌精神。「一枝草、一點露」表達每一個生命，無論貴賤，老天都會賜與存活的條件，就如同每一枝草都可得到一滴露水的滋潤。人如果努力，老天爺也絕對會眷顧疼惜，這是黃俊盈所以在創作之路上從不懈怠的原因。

「一輩子、一棵樹」則貼切詮釋了四一對於家具創作的理念及對環境的疼惜。黃俊盈相信，每棵樹材都是上天賜與的珍貴禮物，創作者有責任將它製成一件好家具，讓它可以從小至長、從年輕到老，陪伴使用者一輩子。

品牌名稱也建議由「四一國際」改爲「四一玩作」，符合他玩中作、作中玩的本性。英文名稱 41FURNISHINGS 不變，但特別把其中 F、U、N 三個字母用顏色跳出，凸顯玩趣特色。而黃俊盈以此建議重新設計 Logo 時不改玩心，神來一筆把「作」字鏡射翻轉，喜歡顛覆常軌的品牌精神表露無遺。

接下來我們試著模擬黃俊盈講話的「氣口」，完成短版的品牌故事〈品牌簡介〉，在短短數行間，道盡這個品牌人與物的精彩。

另外，產品命名與文案也是一大重點。「四一玩作」的產品強調情感，自然得在文字意境上多所著墨，以便與設計創意相得益彰。原先，四一的命名與文案偏向直白，多材質與功能上作文章。

例如一款叫「壓克力吧台椅」的產品，線條流暢饒富巧思，文案寫著：「兩用式吧台椅，（兩面跨腳處高度不同）適合孩童也適合大人。」我把名字改成「看透吧台椅」，文案改寫如下：「年齡不是問題，身高沒有距離。我將一切看透，載得動所有高矮胖瘦，愛恨情仇。」把材質與功能的左腦敘事，轉化爲擬人化的右腦抒情，借用李清照「只恐雙溪蚱蜢舟，載不動許多愁」的典故，具象與抽象轉換間，俏皮道出許多歷盡滄桑者的心聲，引發對號「入座」的共鳴。

循此軸線，後續商品命名與文案陸續出爐。黃俊盈原本不喜歡上網，以致網站有點面目索然，在新品牌名稱與故事文案出來後，他不但花費一番心思讓官網耳目一新，自己也開始玩起臉書，經常與人分享最新創作與品牌動態。

41 41玩|扑 FURNISHINGS GALLERY INC

看透吧檯椅。

在品牌定調後，他彷彿找到明確方向，靈感源源不絕，每次跟他對談，都是精彩交鋒。以互動家具爲概念的創作如春筍出土，文字功力也日有進境，並透過大量參展，實踐與展現品牌理念。

展區中，只見以木作爲主的家具與家飾，有放在陳列架上，有隨意擺在地上，旁邊擺上產品文案。每一樣都任由參觀者撫摸把玩，甚至一屁股坐上去，把搖搖椅當木馬騎。加上柔和的燈光與輕快音樂，大人小孩的笑語聲，創作者與參觀者一同完成了「互動家具」的品牌使命。

耕耘網路、經常參展，圖文並茂加上示範解說。於是獎座、訂單、媒體與精品通路邀約紛至沓來，意外地也拉抬了原先室內設計的業務，但如今可以理直氣壯地把自己得意之作搬進客戶空間，因爲它連結了一家人的情感軌跡，而承載著情感記錄的傢俱可以代代傳承下去，讓空間迴盪著溫暖記憶。

互動家具展示空間。

41玩 玔
FURNISHINGS
GALLERY
INC

【品牌簡介】

一枝草‧一點露‧一輩子‧一棵樹

一滴露水可以滋養一棵小草，一棵樹可以陪伴你一生。隨著主人的心情變換不同風情，橫直不拘，高矮隨意。是檯燈也是茶几；是書架也是座椅，花瓶變梳妝鏡當然沒問題……

設計頑童黃俊盈率領的設計團隊，以童心展現驚喜的生命紋理，於是家具不僅是生活精品，更是饒富情感的生活伴侶。把玩「四一玩作」的互動家具，讓它記錄你精彩的人生軌跡。

【商品文案選錄】

看透吧台椅〈壓克力吧台椅〉

年齡不是問題，身高沒有距離。我將一切看透，載得動所有高矮胖瘦，愛恨情仇。

相思，吸引〈相思木迴紋針磁鐵收納座〉

鄉愁，是一枚小小的迴紋針。再多曲折，抵不過相思牢牢的召喚

看透吧檯椅。（上）
相思．吸引。（下）

相思美人〈啞鈴造型燭台〉

楚腰纖細掌中輕，浪漫夜晚點上精油燭臺，美人的誘惑除了曲線，還有芳香

搖搖童心〈搖搖椅〉

搖啊搖，搖到外婆橋，搖到天外九宵，沒人來吵

奉待伊〈衣帽架或壁飾，由觀音雕刻工藝家所創作女性手部造型〉

伸手以待，來與不來，壁上皆可觀自在。

相思美人。（右上）
搖搖童心。（右下）
奉待伊。（上）

【品牌故事】

記錄情感的互動家具——四一玩作

甚麼樣的家具可以陪你從童年一直到老，而且不斷給你不同的驚喜？對於四一玩作的創辦人黃俊盈來說，家具不僅是生活精品，更是饒富情感的玩伴，紀錄著主人精彩的人生軌跡。

一和黃俊盈談到家具，他的眼睛就亮了起來，搭配手勢，講來滔滔不絕。由空間規劃設計師，一路玩進家具家飾世界，就像個創意源源不絕的設計頑童，而家具創作就是他的遊戲。

執著童心，感受自然

他認爲，家具設計最重要的，就是呈現質材的自然質地並且貼近使用者的原始需求。過多的加工程序或雕飾，常常只會耗損材料造成浪費。「耐看」、「有趣」又具「設計感」，是四一玩作最大的特色。而多用途的概念，更讓四一的家具隨著使用者的心情，變化不同風情。

像是可愛的ㄇ字型方几，橫放可以當書櫃，直放可以當椅子或茶几。而以香杉木製成的「童心玩趣」，最初的發想是幫自己的兩個小孩做一張好玩的翹翹板，但加入一些設計巧思，翹翹板翻個身就變成一張長椅，兩張長椅並排加上座墊便是沙發，上下顛倒疊放則成了書架，還可以變化出床、隔間架……等各種創意組合。而每個排列組合，都是一段值得珍藏的歲月。

除了像積木一樣的組合變化，黃俊盈的設計家飾更充滿童心與幽默。例如明明是花瓶，花瓶底座卻是鏡子，兩個花瓶一正一倒插上花，便成了「鏡花水月」，主人攬鏡自照，鏡中人剎時幻化爲瓶中花。

塊頭高大，笑起來有些靦腆憨直的黃俊盈認爲，「執著童心」是他個性最大的特色。還記得小學二年級有次獨自上學，卻找不到校門口，他不但不著急，還乾脆坐在巷子中央吃起便當。下課後，不管自己不會游泳，常常跟著同伴就往溪裡跳，竟也練就了狗爬式的泳技。頑皮的他，也曾因爲搬開溪邊洗衣石堆被村民丟擲石頭追著罵。沒有城市孩子過多的規矩，這些在清溪山林間玩樂的有趣經歷，造就他「隨心生活、感受自然」的無拘性格，也成爲他日後創作時最大的靈感來源。

從事居家設計十幾年，黃俊盈難免有爲人作嫁之感，每當創意受限必須妥協的時刻，總讓他感到無力。在一次玉山登頂之旅中，沒有登山經驗的他，氣喘吁吁地攀上頂峰，看著雄偉山影與無邊無際的藍天，感動之餘心中忽然湧現靈光。天地爲憑，他決定自創品牌，讓自己設計的家具成爲眞正可以代表他個人的作品。

「玩作」兩個字，充分展現了黃俊盈的頑童性格，對他來說，創作就是遊戲，而作品既是家具，也是玩具。但爲什麼叫「四一」？黃俊盈俏皮地說：「因爲11點11分是我的幸運時間。」但其實，四一還有更深的意涵。

在「品牌台北」顧問的建議下，「四一玩作」中的四個「一」，分別代表了「一枝草、一點露、一輩子、一棵樹」，也代表四一玩作尊重自然的經營哲學。每一個生命，無論貴賤，老天都會賜與存活的條件，例如一滴露水的滋潤就能讓一棵小草展現生機。而黃俊盈相信，每棵樹材都是上天賜與的珍貴禮物，創作者有責任將它製成一件好家具，讓它可以從年輕到老，陪伴使用者一輩子。

疼惜自然，相思台灣

重視環保的黃俊盈，爲避免破壞生態，多利用生長期短的人造林木材來做家具，避開使用生長期長的保育類樹種。在製作過程中也盡量使用最精簡的步驟與工法，減少生產時所耗費的碳排放量，並保留材料原始風貌，不使用對環境造成負擔的材料。

此外，四一的實木家具爲了保留自然的原味與原色，多不上漆，除了讓木頭的香氣能夠自然散發出來外，也絕對不含對人體有害的甲醛。他開玩笑說，他做的家具可以用、可以玩，還可以拿來啃。

喜歡開發在地木材的黃俊盈，不時有令人跌破眼鏡之舉。例如他以台灣的相思木，發想創作了「相思 Taiwan」系列作品。台灣相思木，因爲質地堅硬，容易產生裂紋，常被視爲劣質木材。黃俊盈顛覆一般人對相思木裂痕「劣質」的印象，在他的創意之下，相思木的裂痕轉變成爲感動人心的有趣元素。例如相思木做成的「燈几」，白天是茶几、晚上化身爲一盞燈，其上的淡淡裂痕，會因爲擺放的環境條件而產生變化，演化成各種有趣的紋裡，彷彿木頭本身還有生命，也讓使用者與家具有了情感上的連結，並產生參與創作的樂趣。

因爲易裂而被主流家具市場排拒的相思木，黃俊盈用他的慧眼，重新發掘它獨特的美感。「相思 Taiwan」作品結合相思的涵義與其特殊香氣，讓家具不只表達台灣土地的氣味與感動，更是一種文化歲月的延續。這個構思，讓不少設計專家都拍案叫絕。

室內設計加上家具設計專長，讓四一玩作陸續接到特殊商業空間設計案的邀約。案主看上的，就是空間規劃結合創意家具所型塑的獨特魅力。

「作中玩，玩中作」是黃俊盈對自己的期許，未來四一玩作將繼續開發更年輕、更有活力、更具趣味性的互動家具，拉近人與家具之間的距離，讓家具不只是擺設，不只是用品，更是與親愛家人之間的情感所繫。

案例8

流浪文青以夏布重織生命經緯——感懶樹〈重慶三億齋〉

「……爲了天空飛翔的小鳥，爲了山間輕流的小溪，爲了寬闊的草原，流浪遠方，流浪，還有還有，爲了夢中的橄欖樹、橄欖樹……」

喜歡唱三毛寫的橄欖樹，重慶「三億齋」創辦人楊青從叛逆的流浪文青，變成堅毅沈穩的母親。原本在IT產業服務多年的她，無意中發現故鄉四川有種植物做成的織布觸感非常特別，而這個工藝已有千年歷史，於是她賣房賣地散盡家財來自創品牌。

二〇一一年底我與外子Ron受邀赴重慶一個品牌論壇演講，原本以爲這是一個保守的內陸山城，怕自己講的內容未免曲高和寡，沒想到結果出人意表。當我在台上分享在台灣的品牌輔導經驗與案例時，即可感受到台下遠遠射出兩道如閃電的眼神，步下講台後，一個梳著兩條辮子的優雅女人，擠過人群，一個箭步衝上來，激動拉著我的手，邀我去她的夏布工作室參觀。

這是我第一次見到楊青，第一次聽到「夏布」這個名詞。

夏布的原料是苧麻，兼具素樸與堅韌，抗菌與舒適。由於材質特殊，不能用現代化機器生產，製作工藝非常繁複，因此幾近失傳，已被政府列爲非物質文化遺產。一九七〇年代湖南馬王堆墓塚出土的漢代文物中，發現一件辛追夫人所穿的衣服即是夏布所製，歷經兩千年仍完好如初，更添增夏布文化光彩。夏布產品在重慶知名景點到處可見，然而店家的商品不管是夏布畫、扇子、圍巾……，多充滿濃濃的老中國風，縱使不乏手感質佳者，多半只適合當紀念品，難以走入日常生活。

而喜歡繪畫的楊青卻希望走出不一樣的道路，向時尚與實用更靠近。走訪位於重慶江北區五里店創意設計園區內的三億齋總部，LOFT風格的空間入耳傳來小野麗莎的歌聲。從她的空間裝潢與眾多產品中，不難發現她的用心。

當時她的主要營收是來自爲大企業與政府部門從事客製化禮品研發製作，「價格不是重點，創意才更重要。」這些年來，快速崛起的大陸新富階級見多識廣之後，對於華麗富貴的厚禮餽贈漸生厭倦，「左手收進來，右手就扔進儲藏室，成了垃圾禮品。」楊青的書畫底子與設計巧思便受到青睞，例如舉行哥本哈根會議那年，爲搭上環保議題，楊青與一家國企客戶的採購主管激盪出一個禮品點子：用天然的夏布做成設計桌墊，上面用毛筆寫著出自老子道德經的一段經典「萬物作焉而不辭。生而不有，爲而不恃，功成而弗居。」點出地球如此無條件、無所求，承載、養育一切眾生，人類當思反饋。這個禮品所費不多，卻大受歡迎。

可以想見這個品牌文化素材不愁少，商品有一定質感，楊青的經歷與涵養更爲此品牌蘊養了性靈的深度。決定義無反顧投入之後，她以無比的毅力說服了名牌的代工工廠無條件相挺，而且樣品常一件件被龜毛的她退件，去蕪存菁之後，衣服、圍巾、包包……果然件件都有可觀，而且保證不會撞衫。工作室中有一面木作大酒櫃，擺滿各式葡萄酒，顧客來此邊品酒交談，邊把玩試穿最新商品。雖然委身於園區，不算正式門市，但在缺乏上流社交活動的重慶，這裡簡直是貴婦天堂。

當時的三億齋，不管產品設計、包裝、賣場氛圍，都有著中西合璧的企圖，但整體來說，過於紛雜且稍嫌厚重老氣，品牌內涵欠缺具體論述，行銷宣傳更是付之闕如，只靠少數熟客支撐，商業模式與品牌整體運營策略有待耙梳，但她對夏布文創的見地與執著讓人動容，當下便決定並肩啓手品牌改造大計。

我與團隊擬由千年夏布的悠遠歲月切入，結合創辦人的生命歷程，擺脫夏布相關產品落入民族工藝與觀光紀念品的窠臼，協助三億齋把千年的感動轉譯成現代的時尚語彙，及天人相生的禪悟意境，成爲新中國「文化時尚」的代表。

聽她訴說青春年少時的種種叛逆與浪漫，對於天蒼蒼野茫茫的草原嚮往，腦袋中立刻浮現三毛的影子。「認識三毛嗎？」我問她。原來是我無知，三毛原是重慶人，大陸人無分老少都知道她，而楊青的書櫃裡正藏有一堆三毛的書，年輕時背著吉他彈唱橄欖樹的餘音猶在迴盪。接著陪她走訪了當初讓她一頭栽進夏布的地方，重慶夏布原產地——榮昌縣盤龍小鎮。

走近村子裡的作坊，眼前的景象讓人傻眼。一群七八十歲的老婆婆紡著紗，村婦踩著傳統的木杼織布機，唧唧復唧唧，兩手忙碌穿梭麻線，還得隨時補線、刷漿。觸摸著天然而透著孔隙的苧麻，坐下來手拿梭子腳下用力踩一回織布機，那是一種穿透歲月的感動。

歷經多年紅塵起伏，嘎嘎織布聲是田野大地殷勤的召喚吧。我彷佛在織布縱橫交錯的質樸紋路中，和楊青一起看見她早年奔波南北、放逐東西的生命經緯。品牌名稱在我心裡呼之欲出，一說出來，楊青眼中立刻亮起來，「就是它了。」於是厚重老氣的「三億齋」變身爲時尚人文的「Chine 感懶樹」，象徵走過流浪青春，重新感受天地放曠，步調從容慵懶的悠然淡逸。Logo 以書法筆觸將「手」的意象與楊青的英文名字「Chine」組合，演繹「寸間摩娑，漫布生活」。

打造時尚人文新品牌

緊扣著楊青精彩的人生與夢想，扮演忠誠的知音與譯者，我與團隊從定位品牌、重新命名、設計 CI、文宣品、包裝盒、架設官網、重整賣場風格，並透過品牌故事、系列商品命名與文案、產品開發建議，一步一步重新捏塑出了專屬「感懶樹」的視覺調性與說話腔調。

經過一番篩選取捨，將「感懶樹」產品分爲衣、飾、居三大類。從材質獨特設計簡潔的時尚家居服、漢韻古風的華服、質感溫潤的居家用品、細緻的小手絹到低調奢華的手包，品牌的設計理念來自於「體

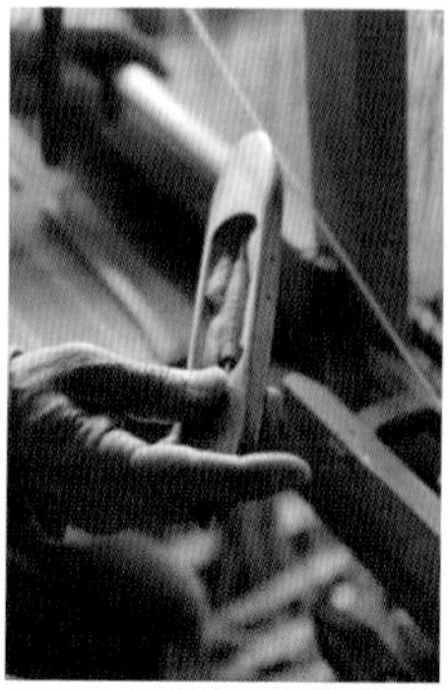

走訪榮昌體驗傳統木杼織布機。（上）

感懶樹 Logo。（下）

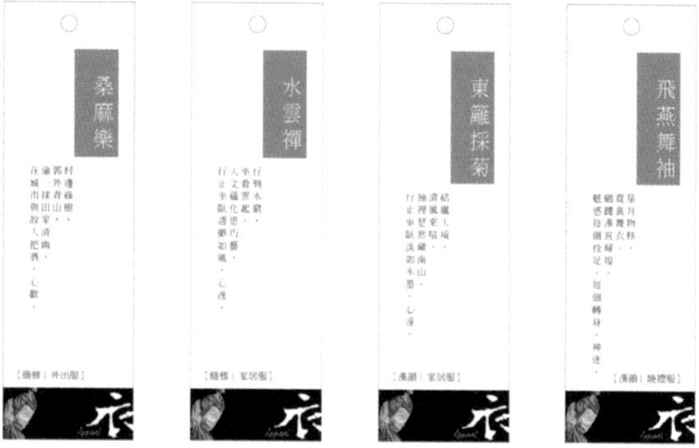

外包裝盒與品牌卡。（上）
寫上詩歌文案的商品卡。（下）

悟生命、探索生活、熱愛分享」，來到「感懶樹」，每個人都可以找到自己專屬的生命註解。

我們把品牌故事做成明信片品牌卡，把文案做成商品卡，隨著商品包裝附贈給顧客，所以顧客買到的不只是美麗的商品，還有一首首詩歌，譜寫著令人心嚮往之的生活意境。

別出心裁的商品名稱與文案內容，就如同爲穿戴上剪裁漂亮的時尚裝扮，讓美人身形更顯曼妙，而且不會跟人撞衫。

除了品牌CI、品牌卡、包裝、品牌官網得重新打理妝容，賣場空間也要改頭換面。賣場是一個品牌靈魂的軀殼，要能表裡一致，形神相符，才能展現品牌獨特風華。

原本的空間寬闊而有西方工業感，但堆滿商品與桌椅，稍顯擁擠凌亂；張揚的大紅地毯上，擺著古箏與義式極簡風格床組；歐式磚牆與綠色牆上掛滿佛教布畫，厚重窗簾遮掉大片自然光線。到處看得見商品與中式古董家飾，卻缺乏視覺焦點，人在其中，總覺得厚重有壓力感。

團隊設計總監Max先將他在世界各地工作旅行時，蒐集到的商業空間布置照片，挑選出十幾個他認爲適合感懶樹參考的範例，先讓楊青先有方向輪廓。場域氛圍設定經討論後定下方向，原本預計花兩星期簡單改裝，但是楊青希望花最短時間且要Max親自監督，於是當場即刻動手。

顛覆美學讓空間再生

在 Max 指揮下，動員所有可用人力，先將整個場地清空，撤掉地上所有地毯。再來，收集所有可做爲展架的活動木箱共二十只，到回收區檢來壞掉的工作木梯一個、長型玻璃水族箱三個。

接著，人形立台卸下服裝後升空漂浮，原本並排的兩個長方型大木桌，其中一個傾斜變成斜面展台，活動木箱拼組成成好幾個展架。佛像畫通通拆下，拿走畫作保留畫框與掛繩，再以高低大小錯落方式掛回牆上，將織品布材裝置到畫框內。

兩個玻璃水族箱交錯重疊，放進石頭與素材裝飾，擺在原本掛滿衣服的長桿下方，長桿掛上兩三件飄逸長裝與圍巾，加上一席床單彷如瀑布傾洩到透明水箱中……。

只花了一天時間，賣場從優雅倉庫變成明亮藝廊，整個空間脫胎換骨，而且沒花半毛硬體費用，所有人無不驚嘆。而重新擺進去的商品，價値感也跟著水漲船高。

不久後，重慶一個設計相關的協會辦展，邀感懶樹免費參展。楊

改造前的賣場空間。(上)
改造後的賣場宛如藝廊。(中)
重慶工藝美術展。(下)

青起先猶豫：「這個展過去給人的印象是檔次不夠高。」我和 Ron 卻鼓勵她一定要去，「不必管別人檔次高不高，只要管自己如何展現，自然有高檔次的人出現。」煥然一新的「感懶樹」正需要被看見，當然不能錯失這種不花錢的曝光機會。於是團隊把工作室賣場的翻新布置，部分原汁原味「移植」到展場，頓時與其他參展攤位形成強烈對比，果然吸引了一缸子人。室內設計師、藝術家、攝影師、雜誌編輯、百貨商場經理人及各式文藝老中青年。

經過三個月的品牌重整與再造後，優雅轉身爲兼具時尚與人文質感的「感懶樹」品牌逐漸被更多人看見了。參展不久後，「感懶樹」終於走出園區，受邀免費入駐重慶解放碑高端商場精品傢俱區。團隊再次操刀，運用顚覆性陳列展示，讓「感懶樹」的衣、飾、居三系列的產品與文宣設計，巧妙與精品傢俱相互襯托演繹；輔以現代藝術畫作擺設其間，畫龍點睛，形成獨特氛圍。

在嶄新的賣場中，空間的主角從商品轉移到人身上。開闊的視線與動線，質感傢俱與藝術，加上觸動人心的色彩搭配與故事文案，讓顧客置身其中時，特別有存在感。

結合高端畫廊與傢俱精品，二〇一二年七月「感懶樹」舉辦了別

進駐重慶解放碑高端賣場。

重慶解放碑高端賣場。（上）
與楊青合影於感懶樹品牌發佈會。（下）

開生面的爵士樂品牌發佈會。這場融合藝文時尚的跨界盛宴，吸引重慶眾多藝文人士及媒體記者到場，三個品牌攜手跨界展演時尚國際形象。有別於過去偏中國風的裝扮，當天楊青一襲白色夏布如希臘女神般的扮相，驚豔全場，「感懶樹」一些限量商品，也轉瞬被搶購一空。

接著，大筆訂單開始進來，鐵桿粉絲愈來愈多，其他精品賣場也來邀約入駐，想要投資或合作的金主一一出現。二〇一三年元月中旬，重慶一家以文化爲訴求的商場「創匯・首座」舉辦「溯觀——回流傳統體驗展」，十七日的開幕活動中，「感懶樹」應邀進行夏布漢服走秀。現場布置以山水畫、蠟梅、棋局，現場來賓除了看秀，還體驗了書法、拓印、茶藝等傳統文化，每個細節充滿典雅巧思，匯聚五感美學共同演繹一場漢文化藝術大秀。感懶樹是本活動中唯一的商業單位，融入情境中相互映襯烘托，一舉展現夏布漢服的歷史傳承與時尚質感，再度把品牌形象一舉拔高，也獲得賣場高度禮遇，給予品牌入駐的種種優惠條件。

宜古宜今，亦中亦西；極古老、極時尚和諧共存，讓保守的人和前衛的人都能挖到寶，這是最適合楊青和感懶樹的的品牌形貌。感懶樹的枝枒還在緩緩伸展，不知何時綠樹可以成蔭，但逐夢人已經無須流浪遠方。

身著感懶樹夏布漢服走秀的模特兒。

【品牌簡介】

寸間摩娑，漫布生活

曾喜歡流浪，青春撥弦，吟唱橄欖樹的灑逸。
當旋律響起，急促轉緩，混沌澄清。
輕觸夏布，竟也如斯。在縱橫交錯的紋路中，
彷佛看見奔波南北、放逐東西的生命經緯。
古老與時尚來回穿梭，生活如此輕透。
願我是樹，蔭人清涼；
願我慢漫，悠遊時空；
願我有愛，感惜天地。
讓我們在「感懶樹」下，喜結夏布緣。

【商品文案選錄】

桑麻樂〈極簡田園外出服〉

村邊綠樹，郭外青山，偷一抹田家清幽，在城市與故人把酒，心歡。

水雲禪〈極簡品尚家居服〉

行到水窮，坐看雲起。人文蘊化思巧藝，行止坐臥透緲如風，心逸。

東籬採菊〈家居服〉

結廬人境，清風來喧，袖裡悠然藏南山。行止坐臥淡如水墨，心遠。

驀然回首〈漢韻女性外出服〉

燈火闌珊，花飛千樹，眾裡尋她千百度。古老擦肩邂逅時尚，夢繫。

飛燕舞袖〈漢韻晚禮服〉

星月物移，霓裳舞衣。翩躚漢宮輝煌，魅惑每個投足，每個轉身，神迷。

揚花〈細花〉

蝶翅鼓風，花影生姿。執手相伴的綿綿情懷，藏收於一方襲人春意，眉揚。

桑麻樂。（右上）
水雲禪。（右中）
東籬採菊。（右下）
驀然回首。（左上）
飛燕舞秀。（左下）
揚花絹。

夜豔〈時尚手拿包〉

拿捏浪漫，擺盪時尚，女人想包容的，不只是美麗與細瑣。

光彩包覆著灑脫，在熙攘人群中，神閑。

麻吉〈極簡手提包〉

提攜智慧，舉放優雅，女人想包容的，不只是溫柔與賢慧。

從容包覆著幹練，在熙攘人群中，氣定。

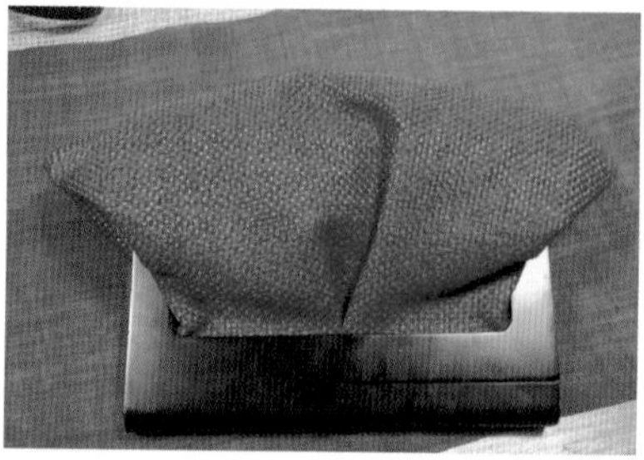

夜艷包。（上）
麻吉包。（下）

悠石〈靠枕〉

清泉石上，背後流暢。在踏實與飄逸間，度量厚薄硬軟。靠倚半壁江山，憂遣。

閑雲〈抱枕〉

懶散行空，懷中軟鬆。在踏實與飄逸間，拿捏輕重去從。抱得半日浮生，煩空。

悠石靠枕。（上）
閒雲抱枕。（下）

邀雅〈桌旗〉

藝花邀蝶，栽松邀風。案頭埋伏山水，是爲了將天地包容。宜獨宜宴，雅至。

迎趣〈桌墊〉

茶酒相親，杯盤交歡。防堵了滲透，墊高了情濃，方正壁壘夾帶春思，趣生。

邀雅桌旗。（上）
迎趣桌墊。（下）

【品牌故事】

穿梭古老與時尚的感懶樹

「……爲了天空飛翔的小鳥，爲了山間輕流的小溪，爲了寬闊的草原，流浪遠方，流浪，還有還有，爲了夢中的橄欖樹、橄欖樹……」

若紮起兩條辮子，「感懶樹」創辦人青兒活脫就像三毛再生。年少叛逆時的她，也跟「橄欖樹」歌詞作者三毛一樣，爲了追逐天高地闊，背著吉他浪跡天涯。

後來有了孩子，血液中的浪漫情懷被迫暫時休眠，如精靈墜回人間。甚至成了IT公司的主管，學習忍受柴米油鹽，爾虞我詐，但她仍通過大量繪畫、音樂排遣想飛的心願。在遭逢一連串生離死別、職場險惡打擊後，青兒一度遁逃到新疆想永久落腳。然而爲人母的責任終究戰勝了漂泊，她收拾行囊再度回到現實。而後與孩子相依爲命過程中，她漸漸體悟生命之妙，終於踏實接了地氣，善感依舊卻不再多愁。

在重慶開設了藝術工作坊，繪畫、音樂與茶悟成了她的工作與生活重心。有次青兒偶聞一段美麗傳說——二二〇〇年前，漢朝公主辛追女扮男裝出遊至長沙，遇到一名令她傾心的爲官男子。兩人撫琴對弈、吟詩賞景，片刻即能靈犀相通。臨別男子以當時的貢品——夏布，製作了一件精美絕倫的漢服相送，紋理細膩，晶瑩剔透，輕薄細軟。公主回宮，日日手撫華服，睹物思人，久之臥病不起。母后愛女心切，做主將公主下嫁男子。此後，公主珍藏那件定情華服，死後帶入墓塚。

兩千年的愛情信物

一九七二年，湖南省長沙馬王堆墓塚經挖掘，這件愛情信物出土了。時隔千年，仍質地白皙，做工考究。辛追勇敢追愛，打動了楊青，夏布的不朽質地，更讓楊青好奇。於是她走訪了重慶夏布原產地榮昌，另一段關於夏布的嶄新故事自此開啓……

夏布的原料是苧麻，兼具素樸與堅韌，抗菌與舒適。由於材質特殊，不能用現代化機器生產，製作工藝非常繁複，因此幾近失傳，已被當局列爲非物質文化遺產。走近村子裡的作坊，眼前的景象讓楊青感動傻眼。一群七八十歲的老婆婆紡著紗，村婦踩著傳統的木杼織布機，唧唧復唧唧，兩手忙碌穿梭麻線，還得隨時補線、刷漿。

在縱橫交錯的織布紋路中，青兒彷彿看見自己奔波南北、放逐東西的生命經緯，而線與線之間的縫隙，不正是每一個人生行腳的喘息，用以呼吸透氣？

從此她瘋狂愛上夏布，成爲中國第一個在夏布上作畫的人。後來因合夥投資出事，她幾乎傾家蕩產，陷入又一個人生黑洞。不過這次她很快就站起來，成立三億齋公司，開始組織人員設計開發夏布時尚手包，之後受邀進入江北區工業設計創意園（現在辦公場地），在政府的協助下，進一步開發設計服飾與家飾。她努力把千年的感動轉譯成現代時尚語彙，衣服、圍巾、包包……件件都是精品，而且保證不會撞衫。公司優雅的展售間於是成了貴婦天堂，而與客戶用心激蕩創意以及超高執行力，客制化商品也成了頂級文創禮品的熱門選項。

改良夏布漢服

青兒還有個大願，就是以辛追公主出土的華服爲原型，用夏布設計製作出眞正代表中國的國服—漢服，而且讓它普及化。改良後的漢服，右衽寬袖讓舉手投足都帶有一種穿越時空的貴雅，與緊身的旗袍大異其趣，讓人愛不釋手。

爲了讓夏布文化時尚更貼近年輕人與國際市場，青兒決定重新爬網整軍三億齋。二〇一二年初，「感懶樹」品牌正式誕生。宣導用心靈感受天地間美好的事物，拋開俗世煩憂，放慢生活腳步，感受夏布在寸間摩娑的溫柔，也體驗悠閒恬靜，反璞歸眞的簡約生活。

「感懶樹」產品分爲衣、飾、居三大類。從材質獨特設計簡潔的時尚家居服〈水雲詠、桑麻閒……〉、質感溫潤的居家用品〈夢田床組、迎趣桌墊、閒雲抱枕……〉、細緻的小手絹到低調奢華的手包〈麻吉包、夜豔包〉，團隊的設計理念來自於「體悟生命、探索生活、熱愛分享」，她以生命的體悟演譯文化時尚，以虔敬的態度關懷人文自然。「來到『感懶樹』，每個人都可以找到自己專屬的生命批註，分享生活的眞實感動。」她笑著說。

從哪裡來？爲何流浪？都已經不重要。從「橄欖樹」到「感懶樹」，追夢的熱情與傻勁不變，變的是樹在熟悉的土地上，生了長長的根，要向更高的天際，伸出枝枒。

【品牌廠商分享之一】

陪著我們一起航行的品牌導航

文：陳薇元（「方塊躲貓」創辦人）

開船的是我們，但是如果沒有她幫忙我們找方向，可能我們還在海裏漂盪，爲何要品牌？什麼是品牌？難道畫幾個代表物，拍拍漂亮的照片，寫幾個言不及義的文案，這樣就是品牌了嗎？上遍了許多課程還是迷惘，二〇一一年我們陷入品牌的迷思，正想放棄時，忽然看到一本雜誌上有篇品牌的報導，其中大量引述一位品牌顧問的觀點與輔導案例，那是第一次看到張庭庭這個名字。「別只強調功能與品質，要擺脫製造思維，從自己的特色與洞察人性下手。」文中很多深刻又平易的觀念一語驚醒了我，於是我們遇到品牌的導航員——Lillian。

記得第一次見面，Lillian 和 Ron 從臺北下來，我們一邊喝著台南特有的鮮奶茶。看著她大力讚賞我們的新產品，其實心裏想的是：「這個臺北人眞是會做人啊（嘿嘿！OS 有點假）」。但是她的第一個問題卻讓我們一下子沉思了起來。你們的名字想要告訴消費者什麼呢？爲何品牌一定要用英文呢？（我們的舊品牌叫 Cabini 取自櫥櫃的英文意思）這些漂亮的新產品一定要和舊有的鋁櫃產品使用同一個品牌嗎？就像春雷一聲響後，Lillian 跟我們一起開始了「方塊躲貓」的萌芽成長過程。

初期，她和 Ron 問了許多看似無關緊要的問題，包含櫃子的構造、爸媽出身背景、我小時種種、爲什麼那麼愛狗……等等，日後方知每個問題背後都有深意。

在Lillian他們的導航下，我們開始重新認識自己的優點。其實就像女生一樣其實明明很好看，但是卻因爲沒有打扮，所以以爲自己是個村姑。而Lillian是第一個告訴我們認眞去認識產品優點的人。所以在瞭解自己後，我們決定開始打扮自己了。最重要的當然就是告訴大家一個容易認識我們產品的小名字——「方塊躲貓」玩心結合貼心，時尚兼顧實用，層櫃中充滿玩趣，CI與文字也一一出世見光。

輪廓出來了當然要被更多人看見，所以我們又被Lillian逼著去報名「城鄉禮讚。台北嘉年華」活動什麼！文創？傢俱也可以是文創！其實我們都心虛得很，不過「方塊躲貓」還是第一次出場見客了。結果在「城鄉禮讚」活動上，我們獲得很多正面的肯定，許多消費者，對於「方塊躲貓」的產品都讚不絕口。讓我們著實虛榮了一把，當然也理解了，原來創意、貼心就是文創的定義，不只是那些高高在上的產品才是。其實文創就是生活啊！跟品牌一樣，它是深入人心的東西，雖然無法看到，卻是產品不可缺少的靈魂。

在合作一年多後，Lillian告訴我們也許可以開始化妝了。雖然我們已經知道自己的方向，但是我們還是不太會告訴別人我們的優點。所以我們破天荒的第一次拍了全系列的場景照，在Lillian的得力成員Max的視覺創意魔法下，這系列的產品照讓我們更貼近消費者，藉由照片的傳導，讓大眾知道原來「躲貓櫃」也可以這樣用！讓他們想要「方塊躲貓」進入他們的生活。

當然，航行在廣大的市場海洋中，我們必須自己認眞掌舵。但是幸運如我們，在每次迷航的過程中，都可以有個導航員陪著我們一起尋找目標，堅定未來的方向。

品牌就是產品的精神，每一個成功的品牌都有他的故事。然而品牌之所以觸動人心，卻是要經過一些瞭解跟打扮，我們希望能讓大家跟我們一起分享「方塊躲貓」的「百變空間・新鋁時尚」，也很高興大家可以藉由 Lillian 專業卻平易近人的經驗跟理論分享，讓更多人瞭解品牌行銷的眞諦，也能跟我們一樣找到自己的方向。

原產地榮昌盤龍小鎮，一段關於夏布的嶄新故事自此開啓……

吟唱感懶，布同凡響

二○一一年底，偶然被拉去參加一個品牌論壇活動。在擔任 IT 產業主管時，行銷的課程我聽多了，原本對於台上講師不寄予厚望，特別坐到後排去。沒想到當天唯一的女性講師出場後，短短二十幾分鐘的演講內容，卻深深吸引我。那樣的文化風采，是之前在行銷課堂上不曾聽聞的。會後我激動上前與她交換名片，拉著她去我的工作室，於是我與來自台灣的文化創意品牌扶植專家，SOHO 甦活公司庭庭與宥仁夫婦相遇相知。

關於我的故事，關於夏布的故事，神奇地勾動了他們的赤子之心。聽我叨絮夏布，回憶童年，講述生命的風風雨雨，庭庭聽懂了我講出口的，也聽懂了我沒有講出口的。感動於我的感動，爲我梳理生命的經緯，最後爲我的夏布系列產品重塑品牌，命名爲「感懶樹」，並爲每個產品找到了意境歸宿，就像我從夏布的經緯線中感悟到了自己生命的本樸一樣。甦活團隊的設計總監 Max 則爲我開啓了品牌的時尚面貌，讓抽象意境有了切合的具象畫面。

從此，我堅持著生命的不朽，爲夏布唱著生命的「感懶樹」。這棵樹也開始不斷抽枝發芽，引來一個又一個貴人，一個又一個粉絲……

一如我的生命，由夏布設計的「衣」、「飾」、「居」每一款產品，都是我的最愛。無論它是傳統的，還是新潮的；無論它是你習慣的，或是驚訝的，我相信，你走進「感懶樹」，就一定能在「感懶樹」下找到屬於你生命的注解。

看完庭庭的書，我相信每一個有人文底蘊的品牌，也都能從自己的靈魂深處，感受到隱隱欲出的召喚。

作者後記

特別感謝本書第四部中所舉案例：SABAFISH 府城館、招弟、明星咖啡、有記名茶、金剛魔組、方塊躲貓、四一玩作、感懶樹〈重慶〉等八家品牌，支持作者成書並協助提供照片，爲本書大加增色。

除上述八個品牌，本書各章節行文中亦提及諸多品牌案例，或早或近我曾與之切磋共計。也許所述篇幅不一，排列隨機，但都是相知相惜的印記。以下爲書中內文所提到之六十三家品牌，而另外尚有多家遺珠未能提及，惠我於琢磨淬礪，在此一併致上感激。

本書品牌案例列表：

COPLAY
DESIGNBURG 城兆緯
I do 愛度
Judy Sweet Living
LSY 林三益
MissCare 女人假期
S,Lyn 織璘舫
SABAFISH 府城館
SheShines 璽賞
三統漢菓子
三點一刻
上海老天祿
勻勻客
大益妝禮
川饌
中國藍
双人徐

方塊躲貓
水月草堂
乎你紅
北投齊雞
北緯 23.5
四一玩作
四方屋
左手香
布花心
玉美人
好米亞
有記名茶
自然風采
色魔漆坊
伺服憩
快車肉乾
村上正彥

汲祇鎮
芒果恰恰
京枝玉葉
尚柔坊（重慶）
居有方
招弟
明山茶集
明星咖啡
河洛坊
花木蘭
金剛魔組
剉冰女王
帥浮表
香草滿屋
琉金穗月
動力丸子
異色引誘

許許兒
這那生活飾
陶籬人間
愛媚
感懶樹（重慶）
農場背包
磁貼童話
璀璨花園
蔣堂
輝松 Black Bakery
橫綱黑鮪
檜樂

國家圖書館出版品預行編目(CIP)資料

人文品牌心法：讓顧客用荷包為你喝采/張庭庭作.
-- 初版. -- 臺北市：大塊文化，2013.04
面； 公分.-- (smile ; 111)
ISBN 978-986-213-433-7 (平裝)

1.品牌

496.14 102005827

LOCUS

LOCUS

LOCUS

LOCUS